新型职业农民培育系列教材

农民手机应用

◎李 娜 孙福华 苗畅茹 主编

U0272020

中国农业科学技术出版社

图书在版编目（CIP）数据

农民手机应用／李娜，孙福华，苗畅茹主编 . —北京：中国农业科学技术出版社，2016. 10

ISBN 978-7-5116-2788-9

Ⅰ. ①农… Ⅱ. ①李… ②孙… ③苗… Ⅲ. ①移动电话机-基本知识 Ⅳ. ①TN929. 53

中国版本图书馆 CIP 数据核字（2016）第 248862 号

责任编辑	白姗姗
责任校对	贾海霞
出 版 者	中国农业科学技术出版社
	北京市中关村南大街 12 号　邮编：100081
电　　话	（010）82106638（编辑室）　（010）82109702（发行部）
	（010）82109709（读者服务部）
传　　真	（010）82106650
网　　址	http://www.castp.cn
经 销 者	各地新华书店
印 刷 者	北京富泰印刷有限责任公司
开　　本	850mm×1 168mm　1/32
印　　张	7. 125
字　　数	172 千字
版　　次	2016 年 10 月第 1 版　2016 年 10 月第 1 次印刷
定　　价	32. 90 元

《农民手机应用》
编委会

前　　言

随着农村经济水平的提高、手机价格的下降及移动互联网的飞速发展，使用手机获取信息已经是农民重要的途径之一。农业部也对农村信息技术化的普及给予高度重视，积极开展对农民手机应用技能和信息化能力培训，加强农民手机上网培训和服务，是农业、农村信息化、城乡统筹发展的重要措施之一。

本书共 4 个模块，内容包括手机选择和使用、常用软件下载和安装、手机上网、互联网+农业的典范，新型职业农民的网络服务平台——支农宝等内容。

本书围绕大力培育新型职业农民，以满足职业农民朋友生产中的需求。书中语言通俗易懂，技术深入浅出，实用性强，适合广大新型职业农民、基层农技人员学习参考。

编　者

2016 年 8 月

目　　录

模块一　手机选择和使用 ……………………………………… （1）

第一节　智能手机的含义 ………………………………… （1）

第二节　智能手机的分类 ………………………………… （1）

　　一、第一代手机（1G） ……………………………… （2）

　　二、第二代手机（2G） ……………………………… （2）

　　三、第三代手机（3G） ……………………………… （3）

　　四、第四代手机（4G） ……………………………… （4）

第三节　SIM 卡和网络运营商 ………………………… （7）

　　一、SIM 卡 …………………………………………… （7）

　　二、运营商介绍 ……………………………………… （8）

　　三、网络运营商 ……………………………………… （9）

　　四、合理选择资费和套餐 ………………………… （11）

第四节　手机操作系统 ………………………………… （11）

　　一、手机操作系统的含义 ………………………… （11）

　　二、Android（安卓手机操作系统） …………… （11）

　　三、iOS（苹果手机操作系统） ………………… （13）

　　四、Windows Mobile（微软手机作系统） …… （14）

第五节　手机的硬件指标及功能 ……………………… （15）

　　一、显示屏 ………………………………………… （15）

　　二、处理器芯片 …………………………………… （17）

　　三、内存 …………………………………………… （18）

　　四、存储空间 ……………………………………… （18）

　　五、储存卡 ………………………………………… （19）

六、双卡双待 …………………………………… （19）

七、定制机 ………………………………………… （20）

八、全网通 ………………………………………… （21）

第六节　Android 系统简介 ……………………… （21）

第七节　安卓手机生产商 ………………………… （22）

一、华为 …………………………………………… （22）

二、HTC …………………………………………… （23）

三、三星 …………………………………………… （24）

四、小米 …………………………………………… （24）

第八节　如何挑选手机 …………………………… （25）

一、行货与水货 …………………………………… （25）

二、挑选手机的注意事项 ………………………… （25）

第九节　手机配件 ………………………………… （30）

一、贴膜 …………………………………………… （30）

二、外壳 …………………………………………… （31）

第十节　iPhone 手机 ……………………………… （32）

一、它是一部大视野的智能手机 ………………… （33）

二、它的手指触控技术创造了全新的操作方式 … （34）

三、它是最好的音乐播放器、数码相册和 MP4 …… （36）

四、它让娱乐无处不在 …………………………… （36）

五、它让间隔无限缩短 …………………………… （37）

六、它让生活更加便利 …………………………… （38）

第十一节　常见手机故障及应对方法 …………… （38）

一、显示不在服务区或者网络故障 ……………… （38）

二、电话无法接通 ………………………………… （38）

三、待机时间变短 ………………………………… （38）

四、不能充电 ……………………………………… （38）

五、联系人不能添加 ……………………………… （39）

六、设备未打开 …………………………………… （39）

七、触摸屏反应缓慢或不正确 …………………… （39）

八、设备摸上去很热 ……………………………………（39）

九、照片画质比预览效果要差 ………………………（39）

第十二节　打电话 ………………………………………（39）

一、简单通话轻松打 …………………………………（40）

二、其他通话设置与操作 ……………………………（42）

三、铃声设置与个性化制作 …………………………（49）

第十三节　发短信与彩信 ………………………………（53）

一、"信息"程序概述 ………………………………（53）

二、短信纷飞 …………………………………………（58）

三、彩信 ………………………………………………（67）

四、短信和彩信的设置选项 …………………………（71）

第十四节　贴身小管家 …………………………………（76）

一、日程安排小管家 …………………………………（76）

二、谷歌在手，出门不愁 ……………………………（80）

三、我的时间 …………………………………………（87）

四、我的天气 …………………………………………（91）

第十五节　进入我的 iPhone 世界 ……………………（93）

一、如何操作 iPhone …………………………………（93）

二、如何拨打电话 ……………………………………（94）

三、如何发送短信 ……………………………………（95）

四、添加联系人 ………………………………………（96）

五、如何设置时间 ……………………………………（99）

六、如何设置闹钟 ……………………………………（99）

七、设置天气预报 ……………………………………（101）

八、使用备忘录 ………………………………………（102）

九、使用语音备忘录 …………………………………（102）

十、使用邮件 …………………………………………（104）

模块二　常用软件下载和安装 …………………………（107）

第一节　用安卓电子市场下载和安装 APP 软件 ………（107）

一、认识安卓电子市场 ………………………………（107）

二、下载软件 …………………………………………（108）

第二节　安装非官方 APP 软件 …………………（111）

　　一、设置未知来源 ………………………………（111）

　　二、利用蓝牙得到安装文件 ……………………（112）

　　三、使用 360 手机助手安装 ……………………（113）

　　四、手机浏览器中直接安装 ……………………（116）

第三节　删除软件 …………………………………（117）

　　一、在手机中直接删除 …………………………（117）

　　二、在 360 手机助手中删除 ……………………（118）

第四节　网上冲浪 …………………………………（119）

　　一、浏览器 ………………………………………（119）

　　二、搜索工具 ……………………………………（121）

第五节　通讯社交 …………………………………（124）

　　一、即时通讯 ……………………………………（124）

　　二、微博社交 ……………………………………（128）

第六节　语音识别 …………………………………（130）

　　一、语音控制 ……………………………………（130）

　　二、音乐识别 ……………………………………（134）

第七节　旅游出行 …………………………………（135）

　　一、地图导航 ……………………………………（135）

　　二、交通服务 ……………………………………（137）

　　三、出行综合应用 ………………………………（139）

　　四、旅行辅助程序 ………………………………（142）

第八节　学习办公 …………………………………（145）

　　一、办公文档处理 ………………………………（145）

　　二、扫描和录音程序 ……………………………（149）

第九节　娱乐活动 …………………………………（151）

　　一、看视频 ………………………………………（151）

　　二、听音乐 ………………………………………（152）

　　三、玩游戏 ………………………………………（154）

第十节　手机备份与提速 ……………………………… （154）

　　一、通讯录备份 ………………………………………（154）

　　二、手机提速 …………………………………………（155）

第十一节　信息查询 …………………………………… （158）

　　一、我查查 ……………………………………………（158）

　　二、全国影讯 …………………………………………（159）

　　三、全国交通违章查询助手 …………………………（160）

　　四、快递查询 …………………………………………（161）

　　五、前程无忧 …………………………………………（161）

　　六、百度百科 …………………………………………（161）

模块三　手机上网 …………………………………… （163）

第一节　上网设置 ……………………………………… （163）

　　一、设置无线网 ………………………………………（163）

　　二、使用移动网络 ……………………………………（164）

第二节　申请账号 ……………………………………… （165）

第三节　掌上购物 ……………………………………… （167）

　　一、淘宝 ………………………………………………（167）

　　二、京东商城 …………………………………………（168）

　　三、亚马逊 ……………………………………………（170）

　　四、当当网 ……………………………………………（171）

第四节　手机阅读平台 ………………………………… （172）

　　一、报刊杂志阅读 ……………………………………（172）

　　二、电子杂志阅读 ……………………………………（174）

　　三、网络信息阅读 ……………………………………（177）

第五节　电子支付 ……………………………………… （178）

　　一、网上银行 …………………………………………（178）

　　二、手机银行 …………………………………………（179）

　　三、电话银行 …………………………………………（181）

　　四、微信支付 …………………………………………（181）

　　五、第三方支付 ………………………………………（186）

第六节 手机上网安全 …………………………（189）

一、识别网络谣言 …………………………（189）

二、手机信息安全 …………………………（194）

第七节 智能手机安全工具 …………………（199）

一、360 手机安全卫士 ……………………（199）

二、手机安全卫士腾讯管家 ………………（201）

模块四 互联网+农业的典范，新型职业农民的网络

服务平台——支农宝 …………………（202）

第一节 支农宝 APP 介绍 …………………（202）

一、"互联网+现代农业"的典范——支农宝 ……（202）

二、农村版 …………………………………（203）

三、城市版 …………………………………（204）

第二节 支农宝操作流程 ……………………（204）

一、支农宝下载 …………………………（204）

二、支农宝注册登录 ……………………（207）

三、支农宝各模块使用方法 ……………（207）

第三节 联系我们 ……………………………（215）

主要参考文献 ………………………………（216）

模块一　手机选择和使用

第一节　智能手机的含义

智能手机是指以个人电脑形式，具有独立的操作系统，独立的运行空间，可以由用户自行安装软件、导航等第三方服务商提供的服务，并可以通过移动通信网络来实现无线网络接入的手机类型的总称。

人们可以通过语音要求智能手机找到联系人打电话；通过导航找到要去的地方；通过提供扫描外文翻译成中文为出国旅游提供方便；通过智能手机定位找到亲人或找到最便宜最好的饭店。人们可以通过智能手机交水费和电费，挂号看病，买东西；可以通过智能手机交换视频、传照片，可以通过手机请专家指导生产、改进生产方法。随着信息化产业的发展，智能手机的用途将会越来越大、使用范围越来越广，因此学习和全面掌握智能手机的用途，是当下农民在生活生产中必要的一课。

第二节　智能手机的分类

智能手机与非智能手机的区别主要看能否基于系统平台的功能扩展。很多朋友都认为可以手写输入的手机一般都是智能手机，其实不然，这两者并没有直接的因果联系。同样的，功能多的手机也不见得就是智能手机。

智能手机有自身的操作系统，Android、iOS、Windows 这三个操作系统相对应的智能手机构成了目前智能手机三大阵营。

从价格上来看，智能手机的价格明显比非智能型手机高出一截。在这里提醒想购买智能手机的农民朋友注意，在购买手机之前，必须弄清楚自己需要什么类型的手机，不要被夸张的营销宣传所迷惑。

目前全球市场上主流的智能手机有谷歌、苹果、三星、诺基亚、HTC宏达电子等，这五大品牌在全世界广为人知，而小米、华为、OPPO、vivo、魅族、联想、中兴、酷派、一加、金立（GIONEE）、天宇（天语）等品牌也在中国备受关注。

今天中国智能手机市场，仍以个人信息管理型手机为主流，随着更多厂商的加入，整体市场的竞争已经开始呈现出分散化的态势，整个市场处于启动阶段。

一、第一代手机（1G）

1973年，美国摩托罗拉公司工程师马丁·库珀发明了世界上第一部商业化手机，在此之前人们只能使用有线的固定电话或者军用无线电台进行远程通信。20世纪90年代，大哥大进入中国。大哥大的出现，意味着人们步入了移动通信时代。90年代的港台片中，大家经常会看到拿着"大哥大"手提电话的人，当年的"大哥大"似乎是身份的象征，但由于块头过大，也被人们戏称为"砖头"。携带起来虽然不方便，但它还是给人们带来了非常方便的通信方式和新的联络体验。

二、第二代手机（2G）

随着通信技术的发展和时间的推移，手机也在不断创新。20世纪90年代末，人们对手机的需求越来越大，第一代模拟移动技术的诸多弊端越来越显现出来，这时2G应运而生。

2G（2nd Generation）是第二代手机通信技术的简称，它是以数字语音传输技术为核心的通信技术。实现了模拟信号通信到数字信号通信的转变，通话质量大幅提高，且增加了短信功能。2G技术基本可被分为两种。

一种是基于TDMA（Time Division Multiple Access，时分多址）所发展出来的以GSM（Global System for Mobile Communication，全球移动通信系统）制式为代表。另一种则是CDMA（Code Division Multiple Access，码分多址）制式。

由 1G 进入 2G 时代后，移动数据网络极大地推动了传统手机的发展，传统手机仅有的语音通话功能已不能满足需求，人们对可以运行网络应用的手机需求越来越强烈，智能手机便产生了。

智能手机是指像个人电脑一样，具有独立的操作系统，独立的运行空间，可以由用户自行安装软件、游戏、导航等第三方服务商提供的程序，并可以通过移动通讯网络来实现无线网络接入手机类型的总称。

IBM Simon（西蒙）是世界上公认的第一部智能手机，它由 IBM（International Business Machines Corporation，国际商业机器公司）与 BellSouth（贝尔南方公司）合作制造。1993 年制造时，它就已经集手提电话、个人数码助理、传呼机、传真机、日历、行程表、世界时钟、计算器、记事本、电子邮件、游戏等功能于一身。其最大的特点就是，没有物理按键，输入完全靠触摸屏操作。这在当时造成了不小的轰动。1994 年全面上市时 Simon 的价格为 899 美元，在美国有近 200 个城市在销售 Simon。

IBM Simon 采用的是定制的主频 16MHz 单核处理器，运行 Zaurus OS 操作系统，仅有 1MB 的 RAM 和 ROM，相比于现在动辄 4 核 8 核上 GHz 的处理器和 2GB、4GB 的内存，Simon 配置显得非常低，但却实现了手机由非智能机到智能机的跨越。

2G 时代智能手机应用并不丰富，仅支持简单的日历、闹钟、记事本、电子邮件、浏览器等简单功能，后来很多 2G 手机开始支持 Java 程序，这在一定程度上扩充了 2G 智能手机的应用数量，例如，大家常见的 Java QQ、斗地主等。

三、第三代手机（3G）

3G（3rd Generation）手机就是指第三代手机，相对第一代模拟制式手机（1G）和第二代 GSM、CDMA 等数字手机（2G），第三代手机一般地讲，是指将无线通信与网络访问相结合的新一代移动通信系统。它能够处理图像、音乐、视频等多种媒体形式，提供包括网页浏览、电话会议、电子商务等多种信息服务。为了提供这种服务，无线网络必须能够支持不同的数据传输速度，也就是说在室内、室外和行车的环境中能够分别支持至少 2Mbps（兆比特/每秒）、384Kbps（千比特/每秒）以及 144Kbps 的传输速度。具备强大功能的基础是 3G 手机较高的数据传输速度，GSM 移动通信网（2G）的传输速度为每秒 9.6Kb，而第三代手机可以达到的数据传输速度可达每秒 2Mb，在这中间数据打包技术起到了相当重要的作用。在 GSM 上应用数据打包技术发展出的 EDGE 已可达到每秒 473.6Kbps 的传输速度，这相当于 D-ISDN 传输速度的两倍，而应用数据打包技术的 3G 能轻松达到 2Mbps 的传输速度。3G 手机不仅支持高质量的话音通话，还能提供丰富多彩的网络应用，大大扩展了手机的功能和通讯内涵。

3G 时代，摆脱了低网速的限制，手机软硬件也同步提升，手机有了通话之外的更多功能，在线视频、听歌、聊天、高速办公，这些都成为可能。

伴随 3G 而来的有一个很火的词：智能手机。iOS（苹果手机操作系统）、Android（安卓手机操作系统）、Symbian（原诺基亚手机操作系统）、Windows Phone（微软智能手机操作系统）等智能操作系统应运而生，智能手机相比于非智能机有着更强大的硬件和功能更多的软件。

高速的 3G 网络提供了足够的下载速度，智能手机强大的配置足以应对众多服务。以往人们只能在电脑上做的事情在手机上也能够完成，当时家用宽带一般只有 4~10Mbps，且年付费用昂贵，而 3G 的带宽最高则有 14.4Mbps，网速上不落后于家用宽带网。相比于笨重的电脑，人们更愿意通过手机听歌、看电影、聊 QQ、发邮件、看新闻、逛淘宝，电脑的地位正逐步被智能手机所取代。

四、第四代手机（4G）

进入高速互联网时代，随着数据通信与多媒体业务需求的发展，为了适应移动数据、移动计算及移动多媒体运作的需要，第四代移动通信开始兴起，4G 这一新的技术已经给通信带来翻天覆地的变化。

4G（4th Generation）通信理论上可达到 100Mbps 的传输速率，4G 网络在通信带宽上比 3G 网络的蜂窝系统的带宽高出许多。每个 4G 信道将占有 100MHz 的频谱，相当于 WCDMA 3G 网络的 20 倍，网络传输速度比目前的部分家用有线宽带还要快很多。4G 手机就是支持 4G 网络传输的手机，移动 4G 手机最高下载速度超过 80Mbps，是国内最快的联通 3G 的 2 倍。

4G 主要基于 LTE（Long Term Evolution，长期演进）技术，其核心技术是 OFDM（Orthogonal Frequency Division Multiplexing，正交频分复用技术）和 MIMO（Multiple－Input Multiple－Output，多输入多输出系统），使得频谱效率得到极大提高，主要针对视频传输，实验传输速率可达 1Gbps。

4G 是集 3G 与 WLAN 于一体，并能够传输高质量视频图像，它的图像传输质量与清晰度与高清数字电视不相上下。4G 目前已经实现，功能上要比 3G 更先进，频带利用率更高，速度更快。

4G 优势

优势一：通信速度快

4G 的产生就是为了满足人们对无线通信速度的需求，由于采用 OFDM 和 MIMO 技术，4G 有着远高于 2G、3G 的通信速度。

第一代模拟式仅提供语音服务，第二代数字式移动通信系统传输速率也只有 9.6Kbps，第三代移动通信系统数据传输速率可达到 2Mbps，而第四代移动通信系统传输速率则可达到 100Mbps。通过以上的对比可以了解到 4G 在速度方面具有很大的优势。

优势二：通信灵活

4G 手机丰富的功能让人们使用手机通信不再限于电话短信，QQ、微信、飞信等应用让人们只需要使用流量即可与朋友进行文字、语音、视频等多种形式的交流，节省了大量的通话和短信费用。

不仅如此，灵活的 4G 通信让更多的手机之外的设备接入互联网，4G 摄像头、4G 传感器等诸多智能设备极大地改善了我们的生活。

优势三：兼容性好

4G 被人们快速接受的原因不仅是它强大的功能，更是因为 4G 过渡过程的平滑，用户可以在投入很少的情况下从新开始使用 4G。现在的 4G 手机大多兼容 2G、3G 网络，在 4G 未覆盖的区域自动切换为 2G、3G 网络，让我们受益于 4G 高速的同时没有断网的问题。

优势四：高质量通信

相比于 1G 时代的通话质量差、不抗干扰、易被窃听，2G 之后的通信技术都能做到较好的通话质量，特别是 4G 中的 VoLTE 技术，接通等待时间更短，通话更加清晰、自然，几乎不会发生掉线的问题。

优势五：频率效率高

无线频谱的资源有限，随着通信网络用户的增多，频谱资源越来越少，4G 采用了更先进的 OFDM 技术，在频谱资源的利用率上有了很大的提升，通俗的说就是让更多的人使用与以前相同数量的无线频谱做更多的事情，而且做这些事情的时候速度更快。

优势六：费用便宜

国内运营商大力推动 4G 建设普及，鼓励人们使用 4G，4G 的资费也有了很大的降低，语音通话每分钟价格变低了，流量购买也非常便宜，而在 2G 时代收取的国内长途、漫游费用，在 4G 时代已经完全被取消。

总的来说，4G 是相比 2G、3G 更便宜快捷的通信方式。

对于人们来说，4G 通信的确显得很复杂，不少人都认为第四代无线通信网络系统是人类有史以来发明的最复杂的技术系统。的确，第四代无线通信网络在具体实施的过程中出现了大量令人头痛的技术问题，这一点也不让人们感到意外和奇怪，技术总是在不断的挑战中突破和进步，帮助人们克服越来越多的难题。

第三节 SIM 卡和网络运营商

一、SIM 卡

SIM 卡，就是俗称的手机电话卡，想要实现手机通话和 4G 网络的访问就离不开这一张小小的卡片。SIM 卡通常有 3 种不同规格和尺寸，分别为 SIM、Micro-SIM 以及 Nano-SIM，统称为 SIM 卡。这 3 种卡的芯片部分是一样的，区别只在于芯片外围塑料部分面积的不同。随着移动通信的发展，SIM 卡的体积越来越小，以满足手机轻薄化的发展潮流（图 1-1）。

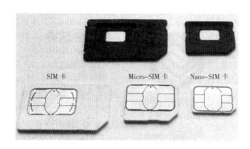

图 1-1 SIM 卡的不同尺寸

如果发现 SIM 卡体积过大无法插进手机的卡槽，这时候可以前往网络运营商（如移动、联通或电信）的营业厅办理更换尺寸合适的 SIM 卡，也可以选择在营业厅或其他的地方使用专用的剪卡器将 SIM 卡裁剪至合适的尺寸，切记不要用普通剪刀自行裁剪，否则有可能造成接触不良等后果。

类似的，如果发现 SIM 卡体积过小，同样可以去当地的网络运营商更换尺寸合适的 SIM 卡，又或者可以使用如上图中的片状卡套，使 SIM 卡增大到合适的尺寸，这种卡套很多地方都可以买到。

二、运营商介绍

（一）中国移动

中国移动有限公司（图 1-2）于 1997 年 9 月 3 日在香港成立，并于 1997 年 10 月 22 日和 23 日分别在纽约证券交易所和香港联合交易所有限公司上市。公司股票在 1998 年 1 月 27 日成为香港恒生指数成分股。

图 1-2　中国移动

中国移动通信集团是中国内地最大的移动通信服务供应商，拥有全球最多的移动用户和全球最大规模的移动通信网络。2015 年，中国移动有限公司再次被国际知名《金融时报》选入其"全球 500 强"，位列《财富》"世界 500 强排行榜"的第 55 位，被著名商业杂志《福布斯》选入其"全球 2 000 领先企业榜"，并入选道·琼斯可持续发展新兴市场指数（Dow Jones Sustainability Emerging Markets Index）。

（二）中国联通

中国联合网络通信集团有限公司（简称中国联通）于 2009 年 1 月 6 日在原中国网通和原中国联通的基础上合并组建而成，在国内 31 个省（自治区、直辖市）和境外多个国家和地区设有分支机构，是中国唯一一家在纽约、香港、上海三地同时上市的电信运营企业，连续多年入选《财富》"世界 500 强企业"，在 2015 排名第 227 位（图 1-3）。

图1-3 中国联通

中国联通主要经营固定通信业务，移动通信业务，国内、国际通信设施服务业务，卫星国际专线业务、数据通信业务、网络接入业务和各类电信增值业务，与通信信息业务相关的系统集成业务等。中国联通于2009年4月28日推出全新的全业务品牌"沃"，承载了联通始终如一坚持创新的服务理念，为个人客户、家庭客户、集团客户提供全面支持。

中国联通拥有覆盖全国、通达世界的现代通信网络，积极推进固定网络和移动网络的宽带化，积极推进"宽带中国"战略在企业层面的落地实施，为广大用户提供全方位、高品质信息通信服务。2009年1月，中国联通获得了当今世界上技术最为成熟、应用最为广泛、产业链最为完善的WCDMA制式的3G牌照。2013年12月4日，中国联通获得了工业和信息化部颁发的LTE/第四代数字蜂窝移动通信业务（TD-LTE）经营许可，2015年2月27日，工业和信息化部向中国联通发放了LTE FDD经营许可。至此，中国联通成为拥有TD-LTE和LTE FDD两种4G牌照的"双4G"运营商，开始进入4G发展新阶段。

三、网络运营商

（一）根据网络制式选择

目前中国3家大型网络运营商——中国移动、中国联通和中国电信都是国家级的运营商，网络建设各有所长，在不同的地区用户应针对自己的偏好和所在地区的网络铺设情况来进行选择。

如果想要手机上网的话，现在 4G 网络已经普及并且资费趋于合理，建议不考虑比较老的 3G 上网业务，无论选择联通、移动或者电信，都有优秀的 4G 网络为您服务，这点不需要担心。

（二）根据套餐优惠选择

运营商会推出很多的优惠套餐，我们可以根据这些优惠的项目选择适合自己的网络运营商。

以"亲情计划"优惠套餐为例，在亲友们都使用同一运营商 SIM 卡的情况下，可以最大限度地减少彼此通话的费用。网络运营商推出这种优惠的目的是希望通过亲友的影响，让更多的用户选择自己的业务。充分了解并利用这些优惠措施，可以使自己和亲友获得很大的实惠。

假定某地有一个中国移动的"亲情计划"，每个月需要缴纳功能费 5 元，开通该项业务之后可以免费和 5 个特定的中国移动号码通电话，而用户的亲友恰好都使用中国移动电话卡，那么只要用户开通这项套餐，并将亲情号码设定为亲友们的电话号码，每个月一共只需 5 块钱就可以实现亲友之间的免费通话了。这样的服务在不同地区有不同的资费标准或优惠方案，大体的省钱功能却是相同的。

所以如果办理新的电话号码，可以考虑根据家人朋友的手机号码属于运营商，或者比较当地运营商的优惠政策再选择。这是一种很容易被忽略，却能很省钱的手机号码选择技巧。

如果用户一家人使用的都是移动的号码，在开通了这项服务之后，全家人之间互相通话，话费仅为每分钟 1 分钱，而收费却只有每个月 5 块钱而已。这就是一种相当划算的办理新号码和业务套餐的选择。

四、合理选择资费和套餐

众所周知，现在的电话费收取，不是使用统一的资费标准，而是以套餐的形式，为每位用户提供不同的优惠。所谓的套餐，就像餐馆里提供的套餐一样，包含了设定好的定量的服务，它实际上是一种服务的组合。

针对这样的现状，需要大量上网的人可以选择上网便宜且流量多但话费较贵或通话时长较短的套餐；而需要大量通话的人就可以选择通话费用便宜但是上网较贵或者流量较少的套餐。

套餐的种类固然多样，却无法覆盖中国这么大量用户群的所有可能。所以很有可能无法找到一款完美适合自己的套餐——现有的套餐通话时间不是太短就是太长，而用户的需求正好卡在中间。针对这种情况，网络运营商又推出了自由选择的套餐类型，极大地提高了套餐选择的灵活性。推荐选择这样的套餐，便于更加接近适合且不浪费的目标。

第四节 手机操作系统

一、手机操作系统的含义

手机操作系统是管理手机硬件与软件资源的手机程序，它负责管理与配置内存、决定系统资源供需的优先次序、控制输入与输出设备、操作网络与管理文件系统等基本事务。操作系统也提供一个让用户与系统交互的操作界面。

如果把手机比作一个人，手机的硬件就是一个人的身体，手机的操作系统就是一个人的精神和灵魂。一个优秀的操作系统可以合理调配各部件的配合运行，充分发挥手机硬件的能力，带给用户流畅和顺心的体验。

二、Android（安卓手机操作系统）

Android（中文名称是安卓）是一个基于 Linux（一种开源的操作系统）内核的开放移动操作系统，由谷歌公司成立的开放手持设备联盟主持领导与开发，主要用于触屏移动设备如智能手机和平板电脑，是目前世界上用户最多的手机操作系统（图1-4）。

图1-4 安卓手机操作系统界面

现在常见的小米、联想、华为等品牌的手机上采用的，都是安卓操作系统。安卓操作系统目前是世界上用户最多的手机操作系统。

安卓是一个开放的手机系统，从手机厂商的角度来看，可以充分了解并任意更改安卓操作系统，从而删掉一些多余或不符合中国用户操作习惯的功能，并添加为国内用户量身定做的功能，使手机变得更加流畅更加好用，这也就是为什么国产安卓手机发展迅猛的原因，中国的公司显然更了解国人的喜好和习惯，也更有机会开发出最适合国人使用的安卓操作系统。

从软件开发者的角度看，谷歌公司和安卓系统允许任何人为安卓手机开发软件，使得安卓系统下的软件数量远超其他操作系统。这样的特点使得安卓系统几乎无所不能，所有用户能想到的功能都能找到相应的软件将其实现。同时由于安卓的开放和自由，用户可以从各式各样的应用商店下载软件并完成安装，很大程度上提高了手机的易用性。

对广大用户而言，装载安卓操作系统的国产智能手机，是既实用又实惠的选择。

三、iOS（苹果手机操作系统）

iOS 是苹果手机上运行的操作系统，不过它和安卓手机操作系统不太一样，苹果公司并不将它授权给其他的手机生产商。和每个厂商都可以采用安卓系统不同，只有苹果手机才能运行并使用 iOS 操作系统，换句话讲，使用 iOS 的唯一途径就是购买一部苹果手机（图 1-5）。

图 1-5　苹果手机操作系统界面

有些人认为，苹果手机是现今最好的手机，主要是因为他们喜欢 iOS 操作系统。封闭不开放，是 iOS 系统的鲜明特点。通过对 iOS 的牢牢掌控，苹果公司实现了成功的品牌战略。保证了每一部苹果手机都要运行苹果公司指定的软件。同时苹果又建立起了一整套的审查和奖励系统，每一款 iOS 上运行的软件都必须接受苹果公司的测试和管理，并和苹果公司分享软件收益。

但是由于 iOS 的封闭性，用户在使用过程中也会遭遇很多不便，例如，苹果手机上的软件，只能从苹果的网站上下载安装，不能从别的地方下载安装，苹果手机里的资料，在连接电脑之后只能通过特定的软件才可以读取，手机的界面和主题也不易自由更换。种种不便都是苹果公司对操作系统过度的控制所导致的。面对苹果手机，用户很难按照自己的操作习惯和喜好对手机操作系统进行优化或改造，这也是制约苹果发展的重要因素。

苹果公司 iOS 上的应用控制严格，这点是苹果操作系统 iOS 乃至苹果手机长久以来所特有的巨大优势。不过和畸高的价格相比，这优势就不明显了。

四、Windows Mobile（微软手机作系统）

除了安卓系统和 iOS 系统，市面上还有一些其他的操作系统，不过他们的用户数量和前两者比较起来，实在过少。这些系统当然也很优秀，也有着很多搭载这些系统的优秀的手机产品，然而因为用户过少带来了软件数量不足等一系列的问题。选择操作系统还是要多考虑自己的使用习惯和价格。

在安卓和 iOS 之后，市场占有率最高的就是微软的 Windows Mobile 系统了，虽然这个系统的市场占有率实在是太小了。

但 Windows Mobile 操作系统是一个优秀的操作系统，它在某些理念上融合了苹果的 iOS 和安卓。例如，这个操作系统和 iOS 一样，严格控制着软件的来源，用户只能通过微软的网站下载安装，同时，早期的时候只要是愿意付费合作的厂商，微软公司就允许他们使用 Windows Mobile 的操作系统（后来逐渐降低了授权费用甚至免费）。这是吸取了两个操作系统的优点。然而整合了两者优点的 Windows Mobile 非但没有迎来自己的成功，反而举步维艰，而从前称霸全球的诺基亚手机公司因为执意采用 Windows Mobile 操作系统而不是安卓，最后迎来了彻底的失败，公司也不得已而变卖。

这个系统的失败，也是有原因的，大体可以归咎于以下两个方面。一方面，它严格控制了软件的来源，这种方式的确曾经给苹果带来了巨大的成功和丰厚的收益，但却无法简单复制。Windows Mobile 出现的时候，苹果的 iOS 的市场已经很成功了，也已经有很多公司因为给 iOS 开发软件而赚了很多钱。这个时候，很难让他们再选择另一个新的未知系统从头做起。

打个比方来理解 iOS 或安卓的开发者不愿意转移过来给这

个系统开发软件的问题。例如，一个种植山药和辣椒的农民，辛辛苦苦干了几年，事业走上了正轨，每年山药和辣椒收成都很好，拿到市场上也都供不应求，总能卖个好价钱。这个时候忽然有个公司找上门，企图说服他改种另一种植物，至于能不能丰收或者能不能卖上好价钱都无法确定。这个人会做出改变吗？正是因为这种不确定的观望心理，使得没几个有影响力的软件公司愿意放弃之前的 iOS 和安卓平台，而迁移到这个系统。

而这个关键的时刻下，微软没能拿出足够的奖励来吸引开发者，错过了系统刚推出时用户可能接受的新鲜期。这个操作系统于是陷入了恶性循环：用户拒绝选择这个系统上是因为可用的软件过少，而软件少是由于为这个系统开发软件的公司少，而为什么没有公司来开发软件呢？因为用户数量少，软件厂商没有利益可图。一旦陷入了这样的恶性循环，很难脱离出来。

另一个方面，微软在早期的时候虽然允许其他厂商使用自己的操作系统，但是使用的前提是要收取一定的费用。这样在新系统的推广上更缺少了足够的动力，它的失败也就可想而知了。

第五节　手机的硬件指标及功能

一、显示屏

显示屏是手机的关键硬件之一，承担着输出图像的任务。

从液晶面板来分类，现在主流手机的屏幕可以分为 TN、IPS 和 AMOLED3 种。其中 TN 屏幕因为可视角度过小的问题（也就是正对着屏幕的时候看得清，斜对着屏幕就可能看不清），已经基本淡出了当今的手机市场。现在 IPS 屏幕已经成为了手机行业里的主流，也基本成了现在高中低档手机的标配，这项技术可能就是为了弥补 TN 屏的缺陷而生的，因为这种屏幕的最大特点就是可视角度足够大（图1-6）。

图 1-6　IPS 屏幕　　　　图 1-7　AMOLED 屏幕

AMOLED 是有机自发光二极管显示技术的英文名称，传统的屏幕技术（TN 和 IPS）在显示时，屏幕本身不发光，它主要靠屏幕背后的持续发光的发光阵列发出光亮，只不过，随着屏幕的变化，背后的白光（通常是白光）穿过屏幕的时候，变成我们想要的颜色。这样的缺点就是，不论显示什么，屏幕背后都要持续的发光，但如果我们需要屏幕显示黑色的时候，它还在发光，这样就造成了浪费。AMOLED 技术，就很好地弥补了这一点，AMOLED 屏幕可以自发光，如果需要显示黑色的内容，不发光就好了，这样就在一定程度上节省了电能（图 1-7）。

AMOLED 技术主要有颜色鲜艳和省电的两大特点，三星是采用这项技术的最主要的手机厂商。

然而手机屏幕发展到今天，无论是 IPS 还是 AMOLED 技术，都已经足够满足用户的日常使用需求了。选择屏幕最应该看中的两个指标，应该是屏幕尺寸和屏幕分辨率。

（一）屏幕尺寸

首先说屏幕尺寸，手机的尺寸越大，用户看起来就越容易，然而手机屏幕过大，就会携带不便。因此建议在购买手机之前，最好亲自看看真机的大小是否合适，避免出现类似于因为单纯喜欢大屏幕而造成手机无法放进手包或者衣袋中的尴尬。

（二）屏幕分辨率

屏幕显示的画面是由一个个像素点组合而成。随着像素点越来越多，画面的显示也就越来越精细。

等到像素点多到一定程度的时候，人眼就无法分清一个个像素点，转而产生了完整连续画面的感觉，这就是屏幕显示画面的原理。

购买手机的时候，一般而言屏幕的分辨率越大越好。市面最上常见的数值为 720P（大小为，称作 HD，也即高清屏）、1080P（大小为，称作 FHD，也即全高清屏）。有些商家或者手机厂商，喜欢用图中代表分辨率的英文单词来表示，有了这张图就可以知道这些英文单词所代表的屏幕尺寸了。

二、处理器芯片

在看手机广告的时候，最常听到的词汇就是双核、四核甚至八核，以及频率、主频这样的词（图1-8）。

图1-8　处理器芯片

众所周知，手机里一定会有一块处理器芯片，第一章我们已经介绍过。它负责控制整个手机的运行，主要功能就是计算。所谓的处理器频率就是处理器每秒钟计算的次数，显然这个数字越高越好，代表着处理器计算能力更强。而核心数量，粗略地讲就是处理器可以同时计算不同任务的数量，也是越多越好，虽然这种说法不够严谨，但能比较好地说明这个问题。

推荐购买手机的一种策略，尽量买新推出的手机，而尽量不要考虑几年前的产品，另外一点，选择已经经过很多用户检验过的、口碑已经足够好的手机。例如，亲朋好友用的手机不错，或者网上查到的销量高、评价好的手机，都可以纳入选择的范围。用户实际使用中的检验，远比广告里的台词更有说服力。

购买手机之前建议咨询比较了解电子设备的亲朋好友，不过现在手机行业整体水准较高，大品牌的手机还是比较有保证。

三、内存

内存，又称运存，也即运行内存，从字面上就能大概理解其功能。它是处理器进行计算时，程序里数据的运行空间，所以较小的内存会限制处理器的计算能力，因而可以简单地讲，内存越大越好。在其他条件都一样的情况下，内存越大，手机变卡的可能性就越小。目前国产主流手机的内存大小都在 2G 或 2G 以上，仅从实用性来讲 1G 其实已经可以满足日常需求，如果几百块钱买到 1G 内存的手机，节省下来的开支也是值得的。不过同等价位下能够找到很多采用了 2G 内存的优秀机型，推荐在可选的范围内尽量选择内存更大的机型。

四、存储空间

顾名思义，存储空间，就是指手机存放数据的空间的大小，存储空间越大，可以存的东西就越多。常见的大小为 16G、32G、64G，这 3 档基本就满足了绝大多数人的需求；也有超大的 128G，不过为了获得这么庞大的空间需要额外支付很多钱并不值得；也还有 8G、4G 大小的空间，这些不建议选用，除非手机的日常使用场景仅仅是打电话、发短信、只运行少量的软件，否则如此小的存储空间很容易捉襟见肘。现在国产手机的存储空间基本上从 16G 起步，应对常用应用场景已经足够了，但如果想要用手机玩大型游戏或者下载电影观看的话，还是建议选择一个存储空间大一些的，如 32G 或以上。

五、储存卡

上面说的储存空间都是手机里内置的，还有一些手机留有储存卡卡槽，可以插入外置的储存卡。这种卡称作 Micro-SD 卡（图 1-9），市面上有售。

图 1-9　Micro-SD 卡

相比于手机里自带的存储空间，外置储存卡的价格会相对低很多。事实上，现在的很多手机厂商都在依靠同一型号手机的不同存储空间版本的差价来赚钱。对于型号相同而仅仅存储空间不同的手机，16G 和 32G 两个版本的差价通常在 300 元左右，甚至更多；而如果转而使用 16G 大小的外置的 Micro-SD 卡，价格可以降低至 30 元，足见这里的利润之多。所以对于需要较大空间的用户来说，尽量选择支持外部存储卡的手机，从而通过购买相对廉价的 Micro-SD 卡的方式来满足存储大量音乐和电影的需求。

六、双卡双待

顾名思义，双卡双待意味着一部手机里可以装下两张电话卡，并且同时接收到两张手机卡的信号。也就是说，在一部手机上，可以选择用不同的号码打电话或者上网。在功能上相当于同时带两个手机，却省了一部手机的体积和重量，使用上也方便了许多。花一部手机的钱干两部手机的事，非常划算。

当然，也可以使用两个号码，一个用于办公，一个用于日常生活，两个号码分别和不同的人通信，就可以做到工作生活互不打扰。这也是一种利用双卡双待功能提高生活质量的方式。

图 1-10 中所示的手机就是一部支持双卡双待的手机。

图 1-10 双卡双待手机

七、定制机

定制机是网络运营商（移动、联通或电信）和手机厂商合作，推出的特殊手机。通常，定制机只能使用特定的网络运营商的手机卡，而插了其他网络运营商的手机卡的时候则不能正常使用，另外手机里也会安装很多和运营商有关的或者是和运营商有合作关系的公司的软件，同时定制机在外表上也会有相应的运营商标志（图 1-11）。

图 1-11 定制机

八、全网通

全网通是一个符合中国通信网络特点的技术产物，前面已经说过，目前中国 3 家网络运营商采用的 3G 和 4G 技术是不同的，一部手机可能只适合（或者最适合）一家运营商的网络。这就造成了一个问题，如果用户一直在使用移动的手机号，有一天想要换成电信的手机号，可是这个时候发现自己现在的手机只能支持移动的网络，没法接收电信的信号。这就意味着，如果一定要换成电信的手机号码的话，就必须更换一部适合电信网络的手机。更换手机的成本就成了更换网络服务的阻力，同时也是一种资源的浪费。

这个时候，全网通手机就体现出了它的价值。顾名思义，全网通手机，就是既能支持移动的网络，又能支持联通、电信的网络的手机，手机用户不用费心力去考虑自己应该选择哪个运营商，也不用额外考虑更换网络运营商的同时更换手机的问题，这就是全网通手机的意义。如果有更换网络运营商的需求或者认为自己将来存在这种可能，那么就可以选择全网通手机，反之，如果没有这种需求，那就没有必要选择全网通手机。因为，这项功能的优点，在价格上体现了出来，全网通的手机一般都比同一型号的单一网络的普通手机贵上许多。

第六节　Android 系统简介

2008 年 9 月，Google 公司正式发布了手机系统 Android 1.0，并使得其作为开源项目供第三方开发软件，随后便以猛烈的发展速度成为了目前市场上较为主流的智能机系统；2012 年 11 月数据显示，Android 系统占据全球智能手机操作系统市场 76% 的份额，中国市场占有率为 90%。

从 Android 1.5 开始，每一代的 Android 系统都以一款甜品命名，如图 1-12 所示，纸杯蛋糕（Android 1.5）、甜甜圈（Android 1.6）、松饼（Android 2.0/2.1）、冻酸奶（Android 2.2）、

姜饼（Android 2.3）、蜂巢（Android 3.0）、冰激凌三明治（Android 4.0），以及目前最新的果冻豆（Jelly Bean，Android 4.1和 Android 4.2）。

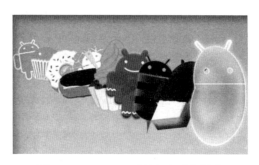

图1-12 Android系统各个甜品版本

第七节 安卓手机生产商

安卓手机的生产商数目较多，不同的品牌有不同的特色，不同款式的手机价格变化也颇大，了解各大安卓手机厂商，方可从容挑选手机。

一、华为

华为手机隶属于华为消费者业务，作为华为三大核心业务之一，华为消费者业务始于2003年底，经过十余年的发展，在美国、德国、瑞典、俄罗斯、印度及中国等地设立了16个研发中心。2015年华为入选Brand Z全球最具价值品牌榜百强，位列科技领域品牌排名第16位。

2015年4月15日，华为P8伦敦全球发布。

2015年4月22日，华为P8以及华为P8max在上海东方艺术中心迎来其国内的正式发布。

2015年7月30日，青海湖畔，华为携手中国电信发布新品麦芒4。

2015年9月2日，Mate S、G8在德国IFA展发布。

2015 年 9 月 8 日，Mate S、G7 Plus 在杭州悦榕庄国内亮相。

2015 年 11 月 26 日，中国上海世博中心，华为 Mate8、HUAWEI WATCH 首发。

2016 年 4 月 6 日，与徕卡合作，华为 P9/P9 Plus 在英国伦敦全球发布。

2016 年 4 月 15 日，在上海面向国内发布华为 P9/P9 Plus（图 1-13）。

图 1-13　华为手机

二、HTC

HTC 是从 2006 年发展起来的中国台湾品牌，之前一直在为其他各大运营商制造定制手机，其宣传语是 quietly brilliant（低调的聪慧）。历史上 HTC 比较火爆的机型有 Desire（渴望）和 One 系列等，到现在，HTC 已经成为大受中国用户欢迎的手机品牌。

用户选择 HTC 有诸多理由：HTC 每年推出机型众多，从中总可以选出心仪的机型；HTC 大部分手机价格相对来说比较便宜，性价比较高；HTC 手机自带的一些功能颇受用户欢迎，比如 HTC Sense 界面十分简洁、来电时将手机扣过来就可以停止响铃（对于不想接的电话可以不接，同时也不会太吵）等。

HTC 手机从上市到几个月内，价格浮动较大。另外，因为

HTC 每年推出机型太多了，往往存在新机型出现就不负责老机型系统更新的情况，所以选择一款热门 HTC 手机十分必要。

三、三星

三星的 Android 手机也是国内众多用户选择的品牌，其中目前比较热门的有 Galaxy 系列：i5700、i5800、i7500、i897、18520（投影手机）、i9000、i909、T959 等（图 1-14）。

图 1-14 从左到右分别为 i5700、i897 和 i9000

四、小米

小米手机是一款国产手机。从小米 1、小米手机青春版（图 1-15）到现在的小米 5，因配置高，价格低而备受用户追捧。

图 1-15 小米手机青春版

第八节 如何挑选手机

一、行货与水货

相信大家在购买手机前，都曾遇到过这样的问题，买水货还是行货，行货贵那么多，有什么好处？买手机要防止买到翻新机，怎么辨别？山寨机是什么？

行货：正宗行货，也有的叫做 A 行，此类手机是指通过厂家正规渠道出售的产品，一般都是采取代理制度销售。每部手机都会附带全国联保证书"三包卡"，里面清楚地规定：如果发生非人为的质量问题，购买之日起一周内无条件退货，十五天之内无条件换货，免费保修一年。直接购买行货比较省心，但会比水货贵几百至上千元。

水货：对于水货并没有特别的界定，一般认为走私进来的没有缴纳关税的就是水货。水货是指本不应该在某国家或地区销售，却在该国家或地区销售的，或者是没有经过授权正规经销商而直接销售的产品。水货的好处是比较便宜，但是购买水货也存在潜在隐患，所以还应尽量购买正品行货。

翻新机：翻新机一般在购买水货时会碰到，一些奸商或者地下工厂将已经用过的手机，通过更换新外壳，重刷机器固件等方法冒充新手机以次充好，贩卖给消费者，再次摆上柜台。

山寨机：主要是指国内的一些厂商，模仿知名品牌型号手机的外形，自主生产的手机。部分山寨厂商将生产的这些手机打上自己的牌子在市场销售，另一部分厂家则直接印上原手机品牌型号，和原品相似度极高，在市场上混淆消费者的视听。其实，山寨机很好辨认。虽然外表和模仿的手机极其相似，但是硬件配置、机器做工和操作系统的搭载等方面却处处显出其山寨的本色，大家不难分辨。

二、挑选手机的注意事项

如果决定购买正品行货，需要注意手机使用时有没有问题，以及相应的保修政策即可，如果要去实体店购买水货，那就需要做足了功课，谨防受骗。机身的新旧程度和使用情况等相信大家都会注意，更仔细一点的朋友可能还会介意手机屏幕的亮点数，这里我们介绍一些注意点，做到购机有备无患。

如果在网上进行手机的购买，一是可以选择京东等正品行货商城，享受完美的售后；二是可以在淘宝上购买水货，需要注意的是选择销量大口碑高的店家以免上当。

（一）识别翻新机

一般来说，如果购买的手机上市刚刚两三月，是不用担心出现翻新机的情况的。如果上市时间比较长，又比较畅销，就有可能会有这个问题。

三码或者四码合一，是检验方法之一。所谓的"码"便是指 IMEI 码。三码合一指的是出现在这 3 个地方的 IMEI 码（图1-16）要统一：在手机"设置"→"关于本机"处查看 IMEI，或者在手机拨打电话界面输入"＊#06#"出现的 15 位数字；扣掉手机电池，背面贴纸上的 IMEI 码；手机包装盒上的 IMEI 码。而四码合一，则是在三码的基础上加上发票上的 IMEI 码，水货没有正规发票，第 4 码可以忽略。

（二）水货来源

水货还分很多版本，例如欧版和港版，这是按手机的出厂或者原销售地来区分的，现在市面上港版的价格高于欧版，主要是因为欧版的货源比较杂乱，手机质量不能得到有效保证。不讲诚信的卖家会用欧版手机冒充港版手机进行出售。

（1）以 HTC 手机为例，访问 HTC 官网 http：//www.htc.com/cn/help/chaV，如图 1-17 所示，点击"手机销售地"。

（2）输入手机的 IMEI 和 SN 号，输入验证码，点击"查询"，查看手机的销售地和出厂日期，如图 1-18 所示。实际上利用出厂日期也能有效防止买到翻新机，尽量购买出厂日期比较近的。

图 1-16 码合一

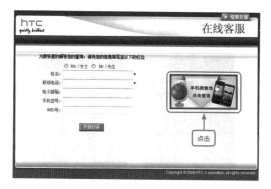

图 1-17 在线客服

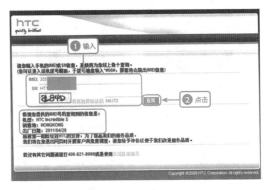

图 1-18　查询销售地

（三）电池真伪辨别

除去以旧仿新的翻新机伎俩，伪电池也是大家比较担心的一个问题，十几、二十几元的高仿电池被当做一百多元的原装电池购买，花了冤枉钱不说，也不利于手机的使用。下面以 HTC 手机电池为例，总结一些常见的辨别点。

（1）伪电成本低，没有原装电池精细，如图 1-19 所示的两块电池，下面的原装电池边缘光滑，而上面的这块伪电池则粗糙得多。

（2）再来看电池底部，电池与充电器接连部分有轻微磨痕（图 1-20），这里我们用的两块已经被使用过的电池，有磨痕当然很正常。但是要注意的是，购买手机时店主拿出的新电池，没有磨痕却是有问题的。原因有两点，第一，随机的电池实际是拆开运进来的，只是店主售卖的时候再放进去的，所以实际上之前电池已经有磨痕了；第二，电池在出厂前会进行测试，有磨痕也是很正常的。所以如果卖家以"电池没有磨痕，肯定是新的"为借口，就要小心了。

图 1-19　边缘

图 1-20　磨痕

（3）以上问题都比较容易发现，以下是真伪电池辨别信息（图 1-21），一般来说符合以下特征的应该就是真电池了。

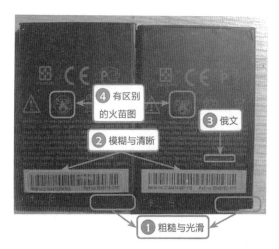
图 1-21　电池背面细节多多

①看纸张的细致度，左边这块假电池明显做得比较粗糙。
②原装电池的序列号印刷比较清楚。

③序列号的上方有一串小小的俄文字符，有些嫌麻烦的商家直接做成英文的"Cnenano"，一眼就能识别出来其中区别。

④右边这块真电池的火苗图案上有些微黑色颗粒状纹理，而左边这块的火苗图案则很光滑。

第九节　手机配件

在购买手机的同时，选购一些保护配件和个性配件是十分必要的。

一、贴膜

现在主流的保护屏主要分为磨砂膜和高透膜两种，简单介绍一下两者的区别。

（1）磨砂膜。磨砂膜比较有质感，手感比高透膜稍微涩一点，优点是使用磨砂膜不会在屏幕上留下指纹，缺点是不如高透膜清晰。

（2）高透膜。一般高透膜的透光率在98%，贴完之后不仔细看很难发现屏幕贴过保护膜，好处是不影响屏幕本身的清晰度，缺点是使用过程容易留下指纹。

更有一些另类的诸如镜面贴膜和钻石雪花贴膜等选择，镜面贴膜让手机在待机状态成为一面镜子，钻石和雪花等花样则可以带来更多时尚感。

不一定非得专业人士才能贴膜，也可以自己动手，如图1-22所示。

（1）用包装内附赠的纤维布（眼镜布也可以）擦拭屏幕，擦拭时要由一边有顺序地向另一边擦拭，不要来回擦拭，擦拭的目的是不在屏幕上留下灰尘和油污；务必彻底清洁屏幕防止贴膜时产生气泡。

（2）找到第一层膜，保护膜一般分为2层和3层两种，3层的贴膜则使用中间一层，外边两层皆为保护隔离层。

（3）将标注为1的隔离膜轻轻揭开，注意先不要全拉开。

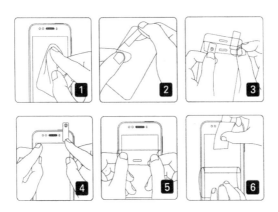

图 1-22　贴膜步骤

（4）将露出的中间那层对准屏幕小心贴下去，操作过程中注意避免手或其他物品碰到中间吸附层。

（5）将吸附层对准屏幕边角，保证位置准备后，一边撕除标注为 3 的隔离层一边小心抚平，操作过程中小心排除掉空气，以免留下气泡。

（6）如果有微小气泡，请轻轻回拉一点，再用贴片（胶布也可以）粘掉即可。

二、外壳

手机外壳样式多种多样，如图 1-23 所示简单分类介绍。

（1）袋子。一个简单的布袋或者皮袋可以解决很多问题，并且只要容量够大可以容下任意机型，经济实惠，但是美观上就稍微差那么一点。

（2）后盖。后盖是比较普遍的样式，可以在手里的背面展现出许多风情，材质上有软胶、硬胶、金属等多种，样式上又有露出式全包式等。

（3）翻盖。翻盖式的设计在于可以从前后两个方位保护手机，使用时可以把盖子翻到后面去完全不影响，一般来说侧翻

图 1-23　多样的手机保护套

盖比前后翻更适合使用。

（4）支架式。这种可变支架式手机套可以让手机卧躺着，再也不用手拿着看视频了。

第十节　iPhone 手机

2010 年 6 月 8 日凌晨 1 点，苹果全球开发者大会 WWDC 10（图 1-24）在旧金山 Moscone West 会展中心正式开幕。苹果公

图 1-24　iPhone 4 WWDC10 发布会

司 CEO 史蒂夫·乔布斯在会上发布了全新的 iPhone 第四代手机，型号为 iPhone 4。

这台在还处于研制时期就已万众瞩目的手机，它的问世是整个 2010 年数码界最重磅的炸弹，无论谁都不能质疑苹果公司所拥有的尖端技术和非凡创造力。这部巧夺天工的手机以燎原之势在短时间内迅速风靡全球，同时带动了无数周边行业的发展，任何其他智能手机与其相比都黯然失色。许多手机品牌为了证明自己的设备也有强劲的实力与其抗衡，纷纷为自己研制的高端智能机冠以"iPhone 4 杀手"的绰号，用以炒作和提高知名度，形成以 iPhone 4 为焦点的激烈的手机市场竞争赛。用苹果公司自己的广告语来形容就是"再一次，改变一切"（图1-25）。

图 1-25　苹果公司广告语

为何这部手机如此受到大众的追捧并且销量惊人呢？撇开品牌崇拜和从众心理的因素不谈，首先来分析 iPhone 4 的价值和意义，找出其中的原因。

一、它是一部大视野的智能手机

如果有人问你，iPhone 是什么东西？那么你肯定会回答它是一部手机。

没错，它的确是一部手机，但它却又不仅仅是一部手机。也许读者会觉得这种说法特别拗口，但仔细剖析它的作用，你会发现的确如此。在手机领域，它已经具备了手机所应拥有的一切功能，但在手机领域以外，它还能完成许多其他设备和器材才能完成的工作。它的作用和能力完全不仅仅局限在一部手机的范围内。

如果要来探究苹果产品最大的特点在于哪里，应该说不是最尖端的技术，不是最精湛的工艺设计，也不是层出不穷的创造力，其最大的特点就在于"以人为本"的核心理念。乔布斯带领下的苹果公司，一直将这条理念贯穿于苹果公司的整个发展历程中。从最早的可视化操作系统，到 iPod、iPhone 和 iPad，苹果公司不知疲倦地研究着用户的体验和行为习惯，所以人们对于这些产品的评价始终都是用上去"最顺手"，看上去"最顺眼"。iPhone 就是苹果公司全部理念和技术的集大成者，是现代社会和科技发展的结晶。

之所以说它是大视野，就是因为它所展现给用户的一切成果，就像是一扇窗，透过这扇窗，我们能够看见现实生活以外更加广阔的世界，它使我们的视野可以遍布全世界的任何一个角落。

二、它的手指触控技术创造了全新的操作方式

触控这项技术一直出现在各大科幻电影的镜头中（图 1-26），令人向往。无论从这些影片还是实际需要上来看，触控技术都将成为今后科技发展中必不可少的技术手段之一。

虽然触控从很早以前就已经存在于现实生活中了，但是在 iPhone 问世之前，触控技术一直没有太大的突破。当时普遍使用的触控技术是压力传感的方式，也就是技术术语中的"电阻屏"，它是通过对触摸板产生的压力来传输指令，所以当我们在 ATM、电话亭或者公共查询台上触摸时，每当屏幕没有反应的

图 1-26　科幻电影中的触控技术

时候，都需要更用力地点击屏幕才行。这种触屏技术只能支持单点触控，并且容易损坏，所以在很长一段时间内阻碍了许多设备的发展。

　　然而，iPhone 的问世将一项新的触控技术完美地结合到了手机中，那就是"电容屏"的应用，它可以支持"多点触控"的技术（图 1-27）。

图 1-27　多点触控技术

　　通过这种技术，苹果的 iPhone 实现了许多原本所无法想象的功能。例如双指控制图片的拉伸、游戏中的操作、切换视角等。它将原本并不被广大手机厂商和用户所认知和看好的触摸技术发扬光大，从此人们才逐渐意识到触控技术在便携设备领域的可延展性，各大手机厂商也纷纷开始效仿，生产出相应的设备。人们从原本的按键操作而逐渐热爱上了触控操作的体验，带有触控功能的手机已经成为整个手机设备发展的大趋势了。

三、它是最好的音乐播放器、数码相册和 MP4

苹果的 iPod 系列音乐播放设备（图 1-28）是全球公认最畅销的音乐播放器，其超长的播放时间、华丽的 UI 界面、完美的操作体验都是它标新立异的核心优势。而 iPhone 则完整地继承了 iPod 播放器的全部优势，因而在音乐播放器领域，它也是手机领域中最优秀的设备之一。

图 1-28　iPod 播放器

在图片和视频的表现能力上，iPhone 4 因为搭载了全新的 Retina 屏幕（中文译名视网膜屏幕，肉眼无法识别出其间的像素锯齿），高还原度的 1 600 万色，在显示的细腻程度和色彩呈现上早已无可挑剔，作为市面上最好的显示屏幕，在显示效果上是其他手机设备所无法比拟的。再加上苹果最拿手的图形运算处理能力，让它得以成为最出色的数码相册和 MP4。

四、它让娱乐无处不在

作为便携设备，我们可以将 iPhone 随身携带（图 1-29），无论你在哪里，都可以随时取出 iPhone 使用。它集成了众多的娱乐功能，如音乐、视频、上网、游戏等。娱乐能够带给人们愉悦的体验，而她的娱乐功能，更可以随时随地地带给我们喜悦与欢乐。

图 1-29　iPhone 的手持便携性

五、它让间隔无限缩短

电话的发明让即使远在千里外的亲友也一样可以听清楚彼此的声音，相互进行语言交流。随着时代的发展，人们对于远距离的交流和互动的要求也越来越高。3G 可视通话（图 1-30）、语音短信、SNS 社交网络等方式，使人与人之间的距离不断缩短。iPhone 能帮助你完美地实现这些扩展。

图 1-30　iPhone 视频通话

六、它让生活更加便利

以前，我们出行可能要带上各式各样的工具，如手表、记事本、录音机、收音机等。如今带上一部手机就可以满足大部分需要。iPhone 中多种多样的应用，还可以为读者完成许多意想不到的任务。例如，测试跑步的运动量、上网订购优惠商品、查询附近的商家酒店等。iPhone 是一个多功能的助手，能为人们的生活提供各式各样的便利。

市场经济下的"优胜劣汰"规则决定了最终存活下来的产品才是真正优异且符合大众需求的产品，相比较 iPhone 和其他手机的上市时间以及销量，验证了 iPhone 的优秀以及其具备其他手机所无法企及的优势。

正确地认识和使用 iPhone，会为我们带来意想不到的惊喜。

第十一节　常见手机故障及应对方法

一、显示不在服务区或者网络故障

如果无网络信号，原因可能是用户正处于地下室或建筑物中的网络盲区，或者处于网络未覆盖区。可以考虑移至其他地区接收信号。

二、电话无法接通

当位于信号较弱或接收不良的地方时，设备可能无法接收信号，可以移至其他地方后再试。

三、待机时间变短

可能是由于所在地信号较弱，手机长时间寻找信号所致，可以考虑关闭手机；也有可能是电池使用时间过长，电池使用寿命将尽，可以到手机厂商指定地点更新电池。

四、不能充电

有 3 种可能，一是手机充电器工作不良，可以与手机厂商指定维修商或经销商联络维修。二是环境温度不适宜，可以更换充电环境。三是接触不良，可以检查充电器插头。

五、联系人不能添加

可能是联系人存储已满，可删除部分原有的无用条目。

六、设备未打开

可能是电池电量用尽，打开设备前，先确保电池中有充足的电量，也可能是电池未正确插入电池槽，可以尝试重新插入电池。

七、触摸屏反应缓慢或不正确

可能是触摸屏幕时佩戴手套或者手指不干净，或者触摸屏之前在潮湿环境中使用或有水渗入，引发了故障。如果触摸屏受到刮擦或损坏，请联系手机厂商服务中心。

八、设备摸上去很热

当使用耗电量大的应用程序或长时间在设备上使用应用程序，设备摸上去就会很热。这属于正常情况，不会影响设备的使用寿命或性能。

九、照片画质比预览效果要差

照片的画质和拍照的环境有关，如果在黑暗的区域比如夜间或室内拍照，可能会出现图像模糊，也可能会使图像无法正确对焦。

第十二节　打电话

语音通话是所有手机最基本的功能，也是它来到世间最初的理由。在 Android 时代，通话过程已不仅限于只能听到声音，人们更需要拉近距离进行交流，希望看到对方的表情动作。

一、简单通话轻松打

（一）拨号

在主界面中点击"拨号盘"快捷键即可进入"拨号盘"界面。界面中下半部分为虚拟的手机键盘，点击你要呼出的号码再点击呼叫就可以打电话了。拨号后还可以点击屏幕上方的按钮，将新号码保存到"联系人"中，如图1-31所示。

图1-31　用拨号盘完成呼叫并保存

点击左下角的按钮可收起"拨号盘"，收起后屏幕显示近期呼叫或接听过的联系人电话。直接点击其中的某个号码，也可完成拨号，如图1-32所示。

图1-32　近期拨打与接听列表

拨出的号码被接通后，界面右上角处的时钟将开始计时，如图 1-33 所示。界面下方分别是开启静音和扬声器的按钮，此时仍可以调出拨号键盘和联系人。想要挂断电话，只要点击"结束通话"就可以了。

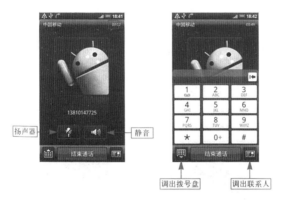

图 1-33　接通后的操作

值得一提的是，在屏幕显示通话界面时点击物理键 Menu，也可以调出添加呼叫、保持通话、打开联系人、调成静音和使用扬声器等功能，如图 1-34 所示。

图 1-34　点击物理键 Menu 可调出的功能

其中，"添加呼叫"，顾名思义，就是在您通话的过程中还可以呼出其他电话。如果选择了呼出新的号码，原来接通的电话会被保持（不会挂断电话，但是互相无法听到对方的声音）。

（二）来电

Android 系统在处理来电界面时，对"锁屏界面"和"非锁屏界面"进行了区别对待。在"非锁屏界面"时来电，效果如图 1-35 左图所示，此时点击接听按钮就可轻松接听电话；在"锁屏界面"时来电，效果如图 1-35 右图所示，有些类似"屏幕解锁界面"，向下滑动滑块即可接听电话。当然，您也可选择拒接来电。

图 1-35　非锁屏与锁屏时来电的不同效果

二、其他通话设置与操作

与通话相关的操作其实远远不止这些。接下来将要介绍一些非常有用的操作。

（一）呼叫设置

在设置菜单中，Android 系统专门为呼叫独立开辟了诸多设置选项。如图 1-36 所示为进入"呼叫"设置列表的步骤。这里选择列表中有代表性的 3 项设置进行介绍。

图1-36 进入"呼叫"设置列表

1. 固定拨号

简单说来，"固定拨号"就是只可以拨打已存储在"固定拨号"中的号码，而不能拨打其他号码，但接听是不受限制的。这个功能在手机外借或集体使用时特别有用。

开启固定拨号的步骤如下。

（1）轻点"固定拨号"列表中的"启用固定拨号"一项，如图1-37会弹出PIN2码输入框，如图1-38所示。

（2）轻点输入框，调出屏幕键盘。输入PIN2码后点击确定，则系统显示"固定拨号启用"。

图1-37　固定拨号设置列表

（3）轻点"固定拨号列表"选项，若您还没设置过"固定拨号"，会得到系统通知"您的 SIM 卡上没有联系人"。轻点下方的"新建联系人"。

（4）在号码输入界面中输入固定拨号联系人的名称和号码。完成后轻点"保存"按钮。

（5）系统会再次要求您输入 PIN2 码。输入后点击"确定"按钮，则"固定拨号"设置成功。

注意启动和取消固定拨号需要用到 PIN2 码，这个密码是 SIM 卡密码的一种，需要咨询当地运营商。PIN2 码与 PIN 码一样，连续输错 3 次的话，手机就会被锁定而无法正常使用。所以如果不知道手机的 PIN 和 PIN2 码，千万不要盲目尝试。

2. 呼叫限制

呼叫限制的设定可以让您灵活地控制手机的服务权限，特别是国际长途，以避免您不必要的经济损失。这些选项您也可以通过咨询服务台来更改。轻点图 1-36 中的"呼叫限制设置"选项，会进入下面的列表，您可根据需要选择限制项。

列表中涉及的"呼叫限制"种类的解释如下。

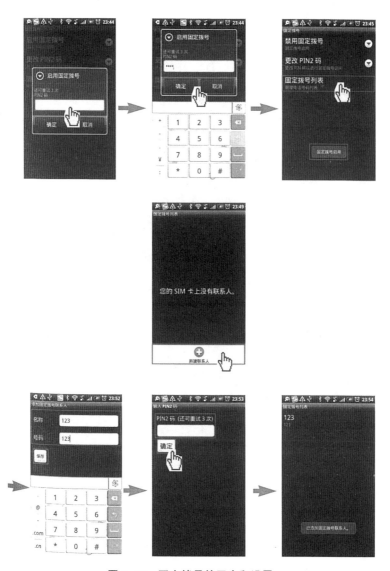

图 1-38 固定拨号的开启和设置

（1）所有呼出。开启此功能后，除了免费电话外，您将只能接听，不能呼出。短信功能也仅限于接收。

（2）国际长途呼出。开启后，无法拨打国际长途，但可收发短信。如图1-39中已开启此项限制。

图1-39 "呼叫限制设置"列表

（3）国际长途漫游呼出。开启此功能后，若您处于国际漫游状态，将只能拨打中国的长途电话。

（4）所有来电。设置了对所有来电进行限制后，您将只能呼出电话或发出短信，接电话和收短信被禁止。

（5）漫游时来电。若开启，将在国际漫游时只打不接，而国内漫游的限制功能尚未实现。

3. 呼叫转移

"呼叫转移"功能可以让您在无法接电话时，将来电转移至您预先设定的号码。如若您设定"占线时进行呼叫转移"，那么在您通话过程中的所有来电均会转移到您设定的其他号码上（该号码可以是固话、任意移动运营商号码），让您不会错过重要的电话（图1-40）。

图 1-40 "呼叫转移设置"列表

需要注意的是，在呼叫转移服务中手机的资费可能会发生变化，您需要在设定前详细咨询当地的服务台。

（二）呼叫等待

"呼叫等待"功能同样是为了让您不错过来电而设计的。

勾选此选项后，当您正在进行通话的同时又接到了新的呼叫时，发起新呼叫的一方将被置于等待状态，手机会询问您"是否接听新来电"。同时，呼叫方会听到类似这样的提示音："您好，请不要挂机，您拨打的电话正在通话中。"

您这边则听到"嘟嘟……"的提示声。这时您只需按下"接听键"，即可接听第二个电话，同时保持第一个电话不挂线。之后还可再次切换到第一个电话并同时保持第二个电话在线，实现在两个电话之间的切换。

设置"呼叫等待"，需要在图 1-36 右侧的列表底部点击"其他"，进入"其他设置"列表，如图 1-41 所示。开启过程很简单，轻点"呼叫等待"右侧的方块，方块内将显示绿色对钩，则功能开启成功。

图 1-41　设置呼叫等待

（三）短信拒接

很多时候我们不方便接听电话，但是还不想让电话另一端的人误会。所以 Android 系统设计了在拒接电话的同时给对方发送一条短信的方法，可以让您快速地解释一下目前的情况，如正在开会或者开车等。

您可在手机设置列表（设置→呼叫→手机设置）中，勾选"编辑信息"选项。在发送前根据不同来电，编辑相应的文字信息；或者不勾选，则直接发送已编辑好的短信内容，如图 1-42 所示。

图 1-42　编辑拒接短信的内容

三、铃声设置与个性化制作

铃声是达人个性最好的展示平台。您可为不同的联系人匹配不同的来电铃声，以体现这位朋友的独特气质及您对他的印象；也可流行什么就播放什么，自主裁剪喜欢的时尚歌曲，用它来唤起您的日常通话。

（一）铃音存储

铃音文件可以被放置在存储卡里。但之前您应该正确设置文件夹，确保 Android 手机能够正确识别。

（1）将 Android 手机连接到电脑上。

（2）在电脑的磁盘选项中，点击手机存储卡，建立放置铃声的文件夹。文件夹的名字必须为英文，且应是"Alarms"（闹钟铃声）、"Notifications"（短信通知铃声）和"Ringtones"（来电铃声）中的一个或几个，如图 1-43 所示。

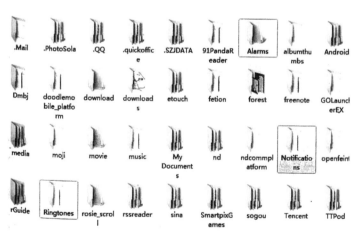

图1-43　在存储卡中建立铃声文件夹

（3）将您所喜欢的歌曲或铃声放入上述的 3 个新建文件夹之一。在图 1-44 中，显示了"Ringtones"文件夹中保存的铃声文件（这是在电脑上进行的操作）。

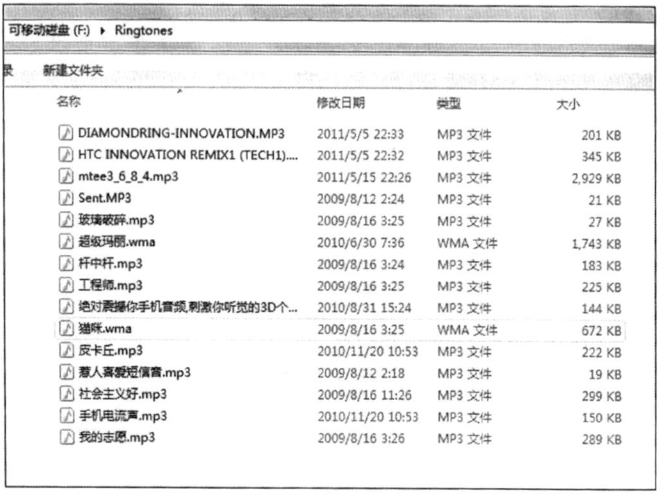

图 1-44　Ringtones 文件夹

（4）将手机与电脑断开，关闭手机并重新开启，则 Android
便可识别新添加的铃声文件夹和文件了。

（二）设定来电铃音

正确存储喜欢的铃音文件后便可设置铃声，这里介绍 3 种
方法：第一种适合为所有来电设定统一的铃音，第三种适合为
某位联系人指定特别的铃音，而第二种则综合了其他两种方法
的功能。

1. 通过"声音设置"完成设定

（1）在主屏幕中轻点"设置"，并在展开的列表中选择
"声音"选项。

（2）轻点"手机铃声"，Android 则自动识别之前存在
"Ringtones"文件夹中的文件。

（3）选择您所喜欢的铃声"猫咪"，选中后右侧的小圆点

将会变为绿色。轻点"确定"，来电时便将会有"猫咪"提醒您了，如图 1-45 所示。

图 1-45　从"声音设置"中设定铃声

2. 通过"音乐"功能完成设定

（1）在"音乐"功能中播放某一首歌曲，如王力宏的"Can You Feel My Word"。

（2）点击物理键 Menu，则会弹出操作菜单。轻点设为铃声，弹出选项列表。

（3）若要将当前播放的歌曲设为所有联系人的公共来电铃声，轻点"电话铃声"选项。设定后系统会给出提示"此音乐已设为手机铃声"。

（4）若要将"Can You Feel My Word"设定为某位联系人的特殊来电音乐，请选择"联系人铃声"。

（5）在系统调出的联系人列表中，轻点"一点优惠"，其后方框内的对号将变为绿色，表示已选中。轻点"保存"按钮，系统将会提，"此音乐已设为联系人铃声"。这之后，若有联系人"一点优惠"打来电话，将响起这首"Can You Feel My Word"。

以上步骤如图 1-46 所示。

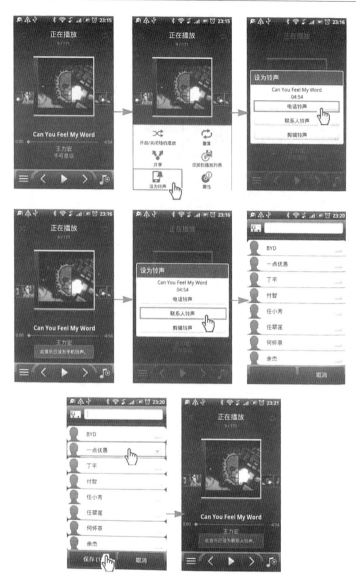

图 1-46 从"音乐"功能设定铃声

3. 通过"联系人"功能完成设定

（1）打开联系人列表，选中联系人"一点优惠"。

（2）在该联系人的编辑列表中，轻点"铃声"选项。

（3）系统会弹出"铃声"菜单，选择歌曲"Around"，并点击"确定"按钮，如图 1-47 所示。

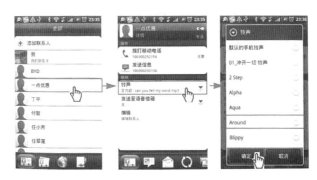

图 1-47 从"联系人"功能设定铃声

第十三节 发短信与彩信

短信功能的出现，更加方便了人们的交流。它类似于书信，让您有更多斟酌、思考的时间，能将想要表达的内容字字落实。它的传递速度又要比传统意义上的书信快，点击"发送"功能键后瞬间便可到达收件人手机中。短信还可表达一些直接用言语无法说出的内容，当这些消息固定为文字，往往就突破了沟通的障碍，让心意收放自如。

一、"信息"程序概述

若您已经在主界面中添加了"信息"程序的图标，那么直接点击该图标就可进入信息列表。也可以在主界面选择轻点左下角的按钮，进入"全部应用程序"列表，找到并轻点"信息"图标，也可到达"所有信息"界面。如果短信清单超出界面，只需要用手指在屏幕上向下滑动，就可以看到更多的短信了，如图 1-48 所示。

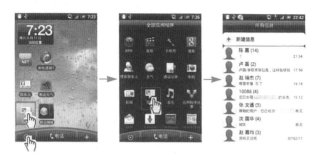

图 1-48　进入"信息"程序

（一）"所有信息"界面的组成

如图 1-49 左图所示为"所有信息"界面。下面对该页面的组成及相关操作给以介绍。

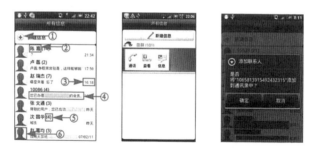

图 1-49　"所有信息"界面及操作

（1）轻点该按钮，可新建一条短信息。

（2）如果联系人名称是以黑体文字显示，则表示当前有该联系人的未读信息。

（3）收、发此条信息的日期或时间。

（4）短信息的部分内容显示。

（5）表示与该联系人有关的短信息的数量。

（6）联系人的相片或图示。如果此联系人已经在您的通讯录中，点击头像也可以拨打电话、查看联系人详情或发信息，如图 1-49 中图所示。如果联系人不在通讯录中，那么系统会提示您添加联系人，如图 1-49 右图所示。

（二）菜单操作项

在信息界面，点击物理键 Menu，屏幕下方会弹出一个菜单。其中的功能包括：删除、新建、推送信息、设置、群组信息等，如图 1-50 所示。

图 1-50　"所有信息"中的操作菜单

1. 删除

点击"删除"按钮，可进入到如图 1-51 所示的界面。找到您要删除的信息，选中后该信息后面方框内的"×"将变为红色。然后轻点下面的"删除"按钮，就会直接删除掉已标记联系人的所有信息。

如果您给此联系人设置了"信息锁定"（已锁定的短消息后面会出现 🔒 符号），那么该信息将不会被删除。

2. 新建

轻点"新建"按钮，会进入到"信息编辑"界面，您可编

图 1-51　删除消息与锁定消息

写短信、彩信，如图 1-52 所示。在该界面中，自上至下您需依次填入收件人号码和信息的内容。屏幕下部分为手写键盘，中部右侧为"发送"和"附件添加"按钮。

图 1-52　信息编辑界面

3. 推送信息（Wappush）

轻点"推送信息"按钮后，可进入到"推送信息"界面，如图1-53所示。被推送的信息中可包含网页链接，这个链接会根据信息的内容，或为网页浏览，或为铃声、图片等文件的下载。收到推送信息时，在状态栏中会通知提示。推送的消息一般来自运营商，模式为一对多和短信一对一的模式有一些区别。

图1-53　推送信息

4. 设置

轻点"设置"按钮，在这里可以设定信息或彩信选项，包括已接收信息、已发送信息、存储设置、短信设置、彩信设置五大类设置。

5. 群组信息

轻点"群组信息"按钮，可进入到群组信息界面。您可以给指定的群组联系人发送短信或彩信、查看群组信息，或者在"设备联系人"中选择多个联系人来群发短信或彩信，如图1-54所示。

图 1-54　群组信息

二、短信纷飞

（一）发送短信

1. 新建短信

在信息界面中，点击新建信息，就会进入到编写信息界面。图 1-55 所示是正在用手写输入法编写新的短信息。

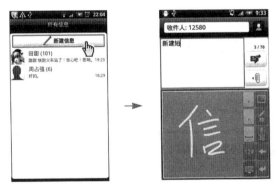

图 1-55　新建并编写短信息

2. 加入一位或者多位收件人

直接在"收件人"栏中输入电话号码。如果要将信息发送给多个电话号码，请以逗号或者分号分隔各个电话号码，如图1-56 左图所示。

在您输入电话号码的同时，联系人清单中与已输入信息符合的任何电话号码就会出现在界面上，如图 1-56 中图所示。点击选择正确的联系人，即可直接将联系人添加到收件人中，如图 1-56 右图所示。

图1-56　添加多位收件人

点击 图标，然后选择您想要发送信息的联系人的电话号码。您也可以选择联系人群组作为收件人。选择好收件人后，点击"发送"按钮，如图1-57 所示。

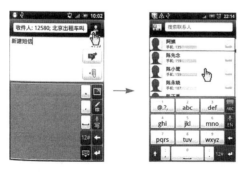

图1-57　从联系人列表中选择收件人

3. 书写与编辑

点击有"点击输入"文字的文字方块，可以开始书写、编辑你的信息，如图1-58所示。

图1-58 开始书写短信

图1-59 "编辑文本"菜单

长按输入框，会弹出编辑文本菜单，在这里您可以对已经写好的文本进行选择、剪切和复制等操作，如图1-59所示。

轻点 图标（根据当前输入法，图标中的汉字会有所变化，当前"写"字代表"手写输入法"，若为"拼"则表示"拼音输入法"），可切换输入法。输入法包括"英文""手写""拼音"和"笔画"等。选中合适的输入法后，点击"设置"按钮，如图1-60所示。

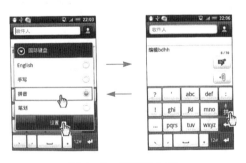

图1-60 切换输入法

轻点图 1-60 中的 [12#] 按钮，可切换到"数字"键盘，用于输入数字或标点符号。轻点" [∨] 按钮翻页，可以输入表情或其他符号，如图 1-61 所示。

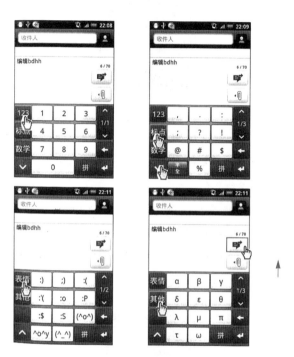

图 1-61 数字、符号、表情和希腊字母

4. 发送

完成编辑后，点击 发送信息，如图 1-61 中的最后一幅图。

注意如果想收到发送报告并得知对方何时收到信息，请在"所有信息"界面中按下物理键 Menu，然后点击"设置"按钮，在短信设置"区中，勾选"发送报告"一项，如图 1-62 所示。

图 1-62　发送报告

(二)　查看收到的短信

1. 新信息通知

Android 手机收到新信息或彩信时，会根据通知设定的不同来播放信息铃声或采取振动提醒。同时，在状态栏中提示信息内容，如图 1-63 所示。如果您想要变更收到新信息或彩信时的通知方式。

图 1-63　新信息通知

当收到新的信息或彩信时，状态栏的通知区域中也会显示

新信息图标 。如果"信息"图标已添加到主屏上，还会显示新信息的数量 。

2. 打开收到的新信息

如果想要打开信息，请按住状态栏，然后向下滑动手指以打开通知面板。点击新信息，打开信息并进行读取，如图 1-64 所示。

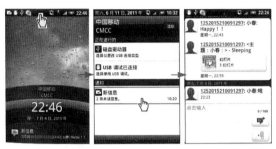

图 1-64 打开并读取新信息

（三）管理短信息

发送给同一联系人（或号码）或从同一联系人（或号码）接收的信息和彩信，在"所有信息"界面中都会被分在一起，以"对话"或"信息会话群组"的方式存储，整理成"会话群组"的信息或释可让您方便地查看与某位联系人交换的一系列信息（类似聊天），如图 1-65 所示。

图 1-65 信息会话群组

1. 查看信息

您可按照以下两种方法中的一个进行操作。

（1）在"所有信息"界面上，点击信息或会话群组，查看信息。

（2）如果收到新信息的通知，请按住状态栏，然后向下滑动手指，打开通知菜单。点击新信息，进行查看。

如果要从"信息会话"界面返回"所有信息"界面，请按下物理键 Back。或者按下物理键 Menu，然后在调出的菜单中轻点选择"所有信息"，如图 1-66 所示。

图 1-66　回到"所有信息"界面　　图 1-67　查看信息详情

注意如果想要查看信息的详细资料，请按住要查看的信息，打开"信息选项"菜单，然后点击"查看信息详情"，如图 1-67 所示。

如果信息中包含网页链接，点击信息中的链接即可浏览网页；若信息中包含电话号码，点击该号码即可拨打电话，或者将号码添加到"联系人"中，如图 1-68 所示。

2. 回复信息

在"所有信息"界面上，轻点选择您要回复的信息。在该信息的页面中，点击屏幕下方有"点击输入"的文字方块，输

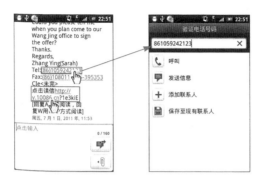

图1-68　短信中的网页链接和电话号码

入您的回复信息，然后点击发送，如图1-69所示。

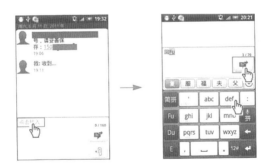

图1-69　回复短信息

3. 转发信息

（1）按下物理键Home，然后点击 ▇⊙▇ 按钮，选择"信息"图标。

（2）在"所有信息"界面上，选择需要转发的信息，轻点以打开信息。

（3）按住您要转发的信息，进入"信息选项"列表，点击其中的"转发"，如图1-70所示。

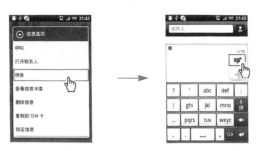

图 1-70　信息转发

（4）在收件人栏添加您要转发的收件人。

（5）轻点"发送"按钮，完成转发。

4. 保护信息不被删除

您可以将指定的信息锁定，这样即使删除了对话中的其他信息，该条信息也不会被删除。

（1）在主屏幕状态下轻点，然后选择"信息"图标。

（2）在"所有信息"界面中，点击选择目标信息。

（3）按住您想要锁定的信息，手指不放开，直至弹出"信息选项"菜单。

（4）点击"锁定信息"。

信息被锁定后，其右侧就会显示相应的图标，如图 1-71所示。

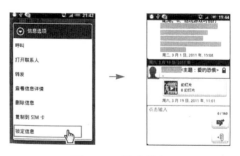

图 1-71　锁定信息

5. 删除信息

（1）在"所有信息"界面上，点击选择您要删除的信息。

（2）按下物理键 Menu，然后在如图 1-66 所示的选项菜单中点击"删除"。

（3）出现确认提示时，请点击"确定"按钮。

注意已锁定的信息将不会被删除，除非在删除信息前选中删除锁定信息，如图 1-72 所示。

图 1-72　删除信息

确认删除与删除锁定信息若要删除某个"信息会话群组"，操作与上面类似。

三、彩信

传递彩信需要通过 GPRS 上网，并消耗网络流量，但该服务是按条收费的。不开通 GPRS 不能发彩信，虽然可以收到彩信头，但不能下载，无法收到完整的彩信。其网络接入比较特殊，收发过程相对简单。

（一）彩信接入点 APN 的设置

接入运营商的 GPRS 网络是收发彩信的前提，这里以中国移动为例。按下物理键 Home，然后依次轻点 ■ 按钮、"设置"图标、"无线和网络"选项、"移动网络设置""接入点名称"和"中国移动彩信设置"，进入"编辑接入点"设置列表，如

图 1-73 所示。然后按照图 1-74 所示数据设置接入点即可。

图 1-73 进入"中国移动彩信设置"接入点编辑列表

图 1-74 接入点信息设置

（二）如何收发彩信

1. 查看彩信

（1）在主屏幕中轻点 ▆◉ 按钮，然后选择"信息"图标。

（2）在"所有信息"界面上，点击选择彩信，打开查看，如图 1-75 所示。

图 1-75 彩信示例

（3）点击信息所带的附件将其打开。如果附件为"vCard 联系人"，资料就会汇入手机的联系人清单。若附件为"vCalendar 档案"，您可以为该档案选择某个日历以便存储。

（4）如果要将附件放置到存储卡中，请按住发送人的名字或号码，然后点击选择"信息选项"菜单中的"保存附件"，选择您要保存的内容并点击完成，如图 1-76 所示。

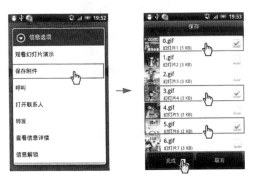

图 1-76 保存附件到存储卡

注意当停用彩信设置中的"自动下载"时，收到彩信后不会自动提取，而只会收到彩信的标头。如果想要下载完整的彩信，请点击选择信息右侧的"下载"按钮，如图1-77所示。这样做可以避免因自动接收不必要的彩信附件而造成的流量损失。

图1-77 停用"自动下载"时获取完整的彩信

如果您担心下载的资料过大，可以在下载前先检查彩信的大小，如图1-78所示。

图1-78 "信息详情"列表中的"信息大小"

2. 以彩信形式回复

打开信息，按下物理键 Menu，然后点击选择"附加"；或者依次点击"更多""添加主题"，然后就会自动将短信转成彩信。转换为彩信后，该信息的内容将通过 GPRS 传递给收件人，如图 1-79 所示。

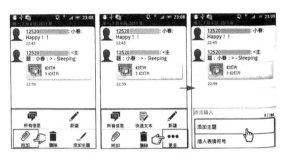

图 1-79　将普通短信转为彩信

四、短信和彩信的设置选项

在屏幕处于"所有信息"列表时，点击物理键 Menu，然后在弹出的菜单中轻点"设置"，便可进入"信息设置"列表。在这里，您可以设定短信或彩信的各项辅助功能，主要有已接收信息、已发送信息、存储设置、短信设置和彩信设置 5 类，如图 1-80 所示。

（一）已接收信息

1. 已接收通知

如果您想要在收到新信息或彩信时在状态栏中显示通知，请选取此选项，如图 1-81 所示。

2. 播放通知音

如果想要手机在收到新信息时播放铃声，请勾选此项。

3. 通知音

选取新信息和彩信的专属铃声，轻点"确定"，如图 1-82 所示。设置后会短暂播放选中的铃声。

4. 振动

如果您想要手机在收到新信息和彩信时以振动方式提醒您，

请选中此选项。

图 1-80　短信和彩信的设置列表

图 1-81　状态栏中的已接收信息通知　　图 1-82　通知音列表

（二）已发送信息

1. 已发送通知

如果想要 Android 在成功发送信息后在状态栏显示通知，请选中此选项。

2. 失败通知

如果想要在信息发送失败时在状态栏显示通知，请选中此选项。

3. 播放通知音

如果想要手机在给出发送成功或失败通知时播放铃声，请点击此选项。

4. 通知音

选取发送成功和失败通知的专属铃声。选中后会短暂播放该铃声。

5. 振动

如果想要手机在给出发送成功或失败通知时以振动方式提示，请点击此选项。

（三）存储设置

1. 删除旧信息

如果想要在存储信息数量达到上限时自动删除旧信息，请选中此选项，如图 1-83 所示。

2. 短信限制

此选项会在选中"删除旧信息"选项后生效。点击后可以设置短信上限，如图 1-84 中将其设定为 200 条。

3. 彩信限制

此选项在选中"删除旧信息"选项后生效。点击后可以设置彩信的存储上限，图 1-85 中将其设定为 20 条。

图 1-83 短信达上限后　　　　图 1-84 设置短信存储的
自动删除旧信息　　　　　　　上限

图 1-85 设置彩信存储的上限

（四）短信设置

1. 发送报告

选中此选项可接收发送报告，以了解信息的发送状态。

2. 服务中心

显示所使用的信息服务中心号码，轻点可修改号码，如图 1-86 所示。建议不要轻易修改此号码，因为这样可能会导致信息发送及接收发生问题！此号码由运营商提供。

3. 管理 SIM 卡信息

点击此选项可查看存储在 SIM 卡上的信息，如图 1-87 所示。您也可以删除这些信息，或者将这些信息复制到手机里。

图 1-86　改变服务中心号码　　　图 1-87　查看存储在 SIM 卡上的
　　　　　　　　　　　　　　　　　　　　信息（当前无）

（五）彩信设置

1. 发送报告

选中此选项可接收发送报告，以了解彩信的发送状态。

2. 已读报告

选中此选项可接收阅读报告，了解您的收件人是否已阅读该彩信，或者若未阅读就将信息删除。

3. 自动下载

选中此选项可自动提取所有完整的彩信。选中此选项时，会自动将彩信的标头、内文和附件下载到手机。如果消除此选项，则只会提取彩信的标头，并显示在您的"所有信息"界面中。

4. 漫游时自动下载

选中此选项可在漫游时自动提取所有完整的彩信，但这可能会让资料链接费用大幅上升。现在运营商收取数据流量费用为全国统一标准，不分本地和漫游流量费用。

5. 优先级设置

设定彩信发送时的优先级，如图 1-88 所示。

图 1-88　设定彩信的优先级　　图 1-89　设定发出彩信容量的上限

6. 最大信息大小

设定彩信所允许的信息大小上限，如图 1-89 所示。如果彩信超出此设定的大小，彩信就不会发出去。

第十四节　贴身小管家

在这一节中，我们将介绍 Android 系统中与日常生活相关的一些功能软件。

一、日程安排小管家

要当好贴身小管家，日程安排是最重要的一项功能。在 Android 为大家准备的日历中，不但可以随时查阅自己的行程安排，还可以设置时间提醒，让达人们不再因为忙碌而落下重要的事情。

在主菜单界面中点击日历图标，进入日历程序界面，如图 1-90 所示。

默认的日历界面为“按月”显示方式，以周日作为每一周的第一天，用手指在页面中上下滑动可以切换不同的月份。黑色方块标记的为当前日期，有任务标记的是添加了日程安排的日期。

图 1-90 进入日历界面

（一）日程查看

直接点击含有任务标记的日期可以查看该天的日程安排（倘若是最近的日期，则界面的下方将显示当天的天气预报信息），如图 1-91 所示。

图 1-91 查看某一天的日程安排

如果想要查看近期的所有日程安排，只需回到日历主界面，然后点击左下角的"列表"按钮，程序将会在新的界面中列表显示近期的事件信息，如图 1-92 所示。

图 1-92 查看近期所有事件

想要改变时间显示方式，只需点击手机的菜单键，在菜单中选择"周"，即可以星期为单位显示我的日历，如图 1-93 所示。

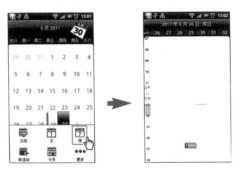

图 1-93 按周显示我的日历

（二）添加新的事件

在日历中添加新的事件有两种方法，可以在主界面中直接点击添加按钮进入添加界面，也可以在某一天的查看界面中选择"添加事件"选项而进入添加界面，如图1-94所示。

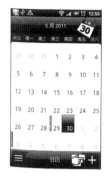

图1-94　进入添加事件的两种方法

在新的界面中，直接输入事件的名称、起止时间、地点和提醒方式等信息，随后点击"保存"即可，如图1-95所示。

图1-95　添加事件信息

（三）日历设置

在日历主界面中点击手机的菜单按钮，屏幕下方出现日历菜单。依次选择"更多""设置",进入日历设置界面。如图1-96所示。

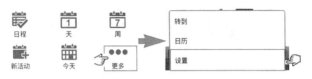

图1-96 进入日历设置界面

在日历设置界面,点击"提醒设置"选项可以对事件的通知时间、铃声和提醒方式进行选择;而点击"日历视图设置"选项则可以选择相关的视图,如图1-97所示。

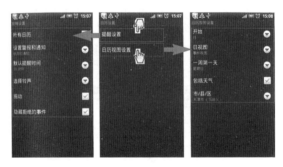

图1-97 提醒设置

二、谷歌在手,出门不愁

出门在外的时候总是因为不认识路而遇到很多麻烦,常常需要询问路人,而购买地图却又弄不清方向,如此种种。而现在,有了Android内置的"谷歌纵横",一切行路的烦恼都将随风而去,如图1-98所示。

在主屏幕上点击谷歌纵横软件图标,进入谷歌电子地图。地图中心显示手机当前所在位置(通过GPS加移动基站定位,

图1-98　谷歌纵横软件图标

需连接3G或WiFi无线网络），地图下方为比例尺和功能按钮，可以进行地图缩放和距离的测量，如图1-99所示。

图1-99　谷歌纵横地图界面

（一）周边搜索

（1）点击地图底部右侧的"周边功能"选项，进入周边内容界面。在新的界面中列出了常用的搜索选项，底部显示"我的位置"。我们以加油站为例，点击加油站图标，搜索附近的加油站设施，如图1-100所示。

（2）在新的界面中以列表的方式显示搜索结果，并按照距离由近到远的顺序依次排列。点击右上角的Map图标，进入地

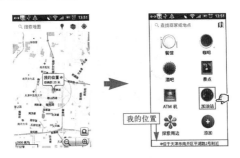

图 1-100　搜索加油站

图查看界面，如图 1-101 所示。

图 1-101　在地图中查看附近的加油站

（3）点击距离测量按钮，当按钮变为黄色的时候，分别点击"我的位置"和"加油站的位置"，软件将会自动计算两地间的直线距离并显示出来，如图 1-102 所示。

（二）自定义搜索

除了利用程序提供的周边选项搜索周围的地点之外，我们还可以使用搜索栏自定义需要搜索的内容。

点击主界面左上方的搜索栏，在新的界面中输入想要搜索的内容，然后点击搜索按钮（放大镜图标）即可开始搜索，如图 1-103 所示。

图 1-102　计算两地间的距离

图 1-103　自定义搜索

搜索结果如图 1-104 所示。

图 1-104　自定义搜索结果

（三）路线导航

当我们需要去某一个地方而又不认识路的时候，就可以使用路线导航功能。

（1）在地图主界面点击手机菜单键，调出地图菜单，然后点击"路线"选项，在新的界面中输入需要导航的目的地，点击"开始"进行导航，如图1-105所示。

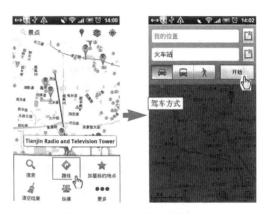

图1-105　输入所需导航地点

（2）新的界面中将显示详细的导航信息，包括路段、距离及前进方向。现以驾车方式（还有公交和步行方式）为例说明。上下滑动可以查看所有信息条目，点击右上角的Map按钮可以进入地图导航模式，如图1-106所示。

（3）在地图导航中点击箭头查看前进路线上的每一个路口方向，列表信息按钮则可回到列表方式查看详细路线信息，如图1-107所示。

（四）地图罗盘

当在陌生的地方迷失方向时，"地图罗盘"可以帮助您快速确认方位。静态和动态两种显示方式使这一服务更加贴心。

点击地图界面右上角的罗盘按钮，开启罗盘。屏幕左上角

图 1-106 列表导航和地图导航

图 1-107 地图导航界面信息

将出现红白相间的"指北针"(注意,指明的方向是北方),红色一段指向北方。而地图中央的蓝色箭头显示我的位置和方向,如图 1-108 所示。

注意蓝色箭头所指的方向为标准正前方持手机时手机头部所指的方向。由于 Android 手机内置了专门的陀螺仪,设备能够确认自己的"反、正",知道"自己"的头朝向哪里。

要是觉得静态罗盘仍不方便查看方向的话,再次点击罗盘

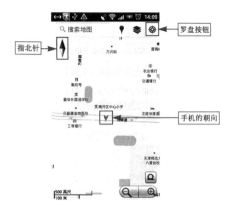

图 1-108　静态罗盘指示

按钮开启动态罗盘功能。在此功能下，我的前进方向将固定指向屏方，而指北针将随着我的移动而转动。对于路线导航来说式更为便捷，可以随时准确判断自己的前进方向，如图 1-109 所示。

图 1-109　动态罗盘指示

（五）地图实验室

除了常用的地图功能之外，我们还可以在"实验室"中选择开启或关闭一些实验功能，以获得更多的使用体验。

在地图界面中点击手机菜单按钮，调出地图菜单。点击地图菜单中的"更多"选项，在新的列表中选择"实验室"进入功能选择菜单，如图 1-110 所示。

图 1-110　进入实验室功能菜单

在实验室功能菜单中上下滑动查看更多选项，在相应的选项上直接点击即可将其添加到地图应用之中，如图 1-111 所示。

图 1-111　实验室功能菜单

三、我的时间

时间显示恐怕是手机最为基本的功能之一了。而 Android 在时间系统上花了一番工夫，使其拥有了众多强大并实用的新特性。

进入"我的时钟"有两种方式：第一种最为快捷，直接点击手机屏幕上的时间显示即可；第二种稍显麻烦，在程序页面中找到"时钟"图标，点击进入"我的时钟"，如图 1-112 所示。

图 1-112　进入时钟程序的两种方法

（一）桌面时钟

进入"我的时钟"程序界面，首先是桌面时钟部分。界面显示详细的日期、时间、闹铃、天气情况、电量以及显示模式切换按钮（可以在"夜间"和"昼间"两种模式之间切换），如图 1-113 所示。

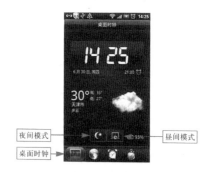

图 1-113　桌面时钟的界面

点击夜间模式按钮，屏幕将自动隐去状态栏和选项栏并降低亮度（以减轻屏幕亮度对眼睛的伤害），进行任意操作可退出该模式。而点击昼间模式按钮屏幕将变为纯黑背景，桌面只显示时间、日期及闹铃，如图1-114所示。

图1-114　夜间显示模式和昼间显示模式

（二）世界时钟

点击"时间"界面下方的"世界时钟"选项，进入"世界时钟"界面。界面中显示了可添加的所有城市时间。点击页面上方的"添加城市"按钮，可以进入添加界面将新的城市加入显示列表，如图1-115所示。

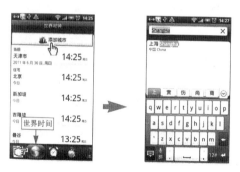

图1-115　世界时钟及添加新的城市

点击手机菜单按钮，调出屏幕菜单，选择"本地时间设置",进入新的界面,可设置手机上的本地时间(包括地区、日期及显示格式等选项),如图1-116所示。

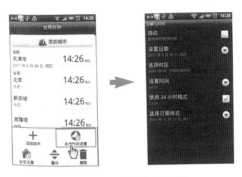

图1-116　设置本地时间

(三) 闹钟

点击时间界面下方的闹钟选项,进入闹钟界面。点击添加闹钟即可进入添加界面建立新的闹钟,您也可以直接点击已有闹钟对其进行编辑,如图1-117所示。

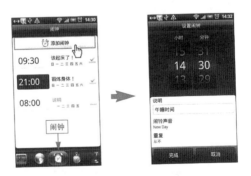

图1-117　闹钟及添加界面

(四) 秒表和计时器

在时间界面底部的选项栏中,最后两项分别为"秒表"和

"计时器"，点击相应的图标即可进入使用界面，如图 1-118
所示。

图1-118 秒表和计时器

注意秒表的显示数字是递增的，而计时器的显示数字是递
减的。所以在使用计时器之前需要通过活动时间滑轮来设定
"时限"，并选择到达限时后提醒您的闹铃声音。开始计时后，
则开始倒计时。

四、我的天气

天气系统是 Android 的一大特色，不但可以随时查看多个城
市最近几天的天气情况，还有特别设计的天气特效，给人耳目
一新的感觉。

和时间程序一样，进入我的天气有两种方式：第一种更加
快捷，直接点击手机屏幕上的"天气"图标即可；第二种是在
程序页面中找到天气软件图标，点击进入"我的天气"，如图
1-119 所示。

天气界面主页显示当天的天气状况（背景为与当前天气配
套的特效），页面下方是最近 4 天的天气预报。上下滑动可以查
看所有添加城市的天气情况。点击左下角"刷新"按钮可手动
刷新天气信息。点击右下角的"添加"按钮则进入添加界面，
可以输入新的城市查看那里的天气情况，如图 1-120 所示。

图1-119 两种方法进入"我的天气"

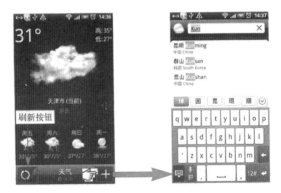

图1-120 天气界面、刷新、添加新的城市

在天气界面中点击手机菜单按钮,调出天气界面菜单,可以对所选城市进行排列、删除、添加和设置等操作,如图1-121所示。

图 1-121　对城市进行各项操作

第十五节　进入我的 iPhone 世界

一、如何操作 iPhone

首先，学习使用 iPhone 前我们要知道，它是一部电容屏触摸手机，和部分电阻式触屏机型不同的是，它所搭载的触摸屏是依靠静电原理来获取外部指令的，而不是使用传统的压力感应来实现。而人体本身就是天然的电场，且肌肤就是导体，所以，我们要用自己的肌肤接触到屏幕才能完成触控操作，而不是使用指甲或者其他硬物制造的压力，所以读者在触摸失灵的情况下，千万不要用力搓按屏幕。

在我们使用前，iPhone 一般是处于锁屏状态，这样可以防止屏幕持续发亮消耗电池寿命，我们要对机器进行解锁后才可以使用。首先按下 iPhone 右上角的锁屏键（图 1-122），或者按下屏幕下方唯一的按钮 HOME 键，就可以点亮屏幕（图 1-123）。这时候我们只要将底部标有箭头的滑块拖动至最右边即可解开屏幕锁。

按下锁屏键解锁后就可以进入 iPhone 的主界面（图 1-124）对手机进行触控操作了。

图 1-122 iPhone 锁屏键

图 1-123 iPhone 解锁界面

图 1-124 iPhone 手机主界面

二、如何拨打电话

iPhone 是一部手机，所以电话功能始终是其最核心的部分之一。

那么如何用 iPhone 拨打电话呢？首先我们要在主界面上找到 iPhone 的"电话"应用图标（图 1-125）。

图 1-125 "电话"应用图标

点击该图标打开拨号界面（图1-126），在拨号键盘上输入想要拨打的电话号码，再点击"呼叫"按钮，就可以打出电话了。

图1-126　iPhone拨号界面

三、如何发送短信

发送短信也是手机使用中最基本的功能之一。要用iPhone收发短信，我们需要找到"短信"的应用图标（图1-127）。

图1-127　"短信"应用图标　　　　图1-128　短信信箱界面

点击该图标可以进入短信信箱界面（图1-128）。

点击右上角的编辑按钮，就可以进入短信编辑界面（图1-129）。

图1-129 短信编辑界面

在收件人处点击"+"号按钮，添加收件人或者输入对方手机号码，再在下方输入框中输入文字内容，然后点击"发送"按钮，就可以将短信发送出去。在发送的过程中，界面上方会有一个"正在发送"字样的进程条（图1-130），用来提示短信的发送进度。

图1-130 短信发送进程条

提示：我们无须等待短信发送结束后再进行其他操作，而是可以安心地按下"HOME"键返回主界面，或者执行其他操作，短信会在后台正常发送出去。

四、添加联系人

我们不可能记住所有人的电话号码，所以才有了手机"通讯录"这项功能。将联系人存入手机，我们在拨打或接听来电时就可以方便地区别对象了。添加联系人，先要找到"通讯录"应用图标（图1-131）。

点击该图标可以进入"通讯录"应用界面，显示手机存储的联系人列表（图1-132）。

图1-131　"通讯录"应用图标　　**图1-132　通讯录的联系人列表**

单击位于右上角的"+"号按钮（图1-133），就可以进入添加联系人的操作界面（图1-134）。

图1-133　联系人添加按钮　　**图1-134　添加联系人编辑界面**

将联系人电话、姓名、照片、邮箱和地址等信息填写完成后，点击右上角的"完成"按钮，即可将新增的联系人添加到通讯录中。如果在此步骤添加了联系人头像，那么，在和对方通电话时，通话界面就会显示对方的头像。

还有一种添加联系人的方式，首先要先打开拨号面板（图

1-135）。

图 1-135　拨号界面　　图 1-136　新弹出的提示窗口

在拨号面板中，我们可以看见"呼叫"按钮左边有一个添加联系人的图标。当在此界面中输入联系人电话后（例如输入"13600000000"），再点击该按钮，会弹出一个新窗口，提示用户是否需要将此前输入的号码添加到新联系人，或者现有联系人当中（图 1-136）。

我们选择"新建联系人"，就可以进入添加联系人编辑界面，且号码已经录入电话栏内（图 1-137）。

图 1-137　已录入号码的联系人编辑界面

点击"完成"按钮，完成联系人的添加操作。

五、如何设置时间

点击"设置"应用图标（图1-138），然后依次点击"通用""日期与时间"选项，进入"日期与时间"设置界面（图1-139）。

图1-138 "设置"应用图标　　**图1-139** "日期与时间"设置界面

打开"自动设置"功能，手机就会通过网络自动校准当前的时区和时间了。此外，与电脑连接后，手机也能通过同步软件自动与电脑的时间进行同步。

六、如何设置闹钟

无论是上班族还是学生，闹钟都是必不可少的工具之一。市面上的手机基本都具备这个功能，在iPhone上，同样可以通过设定闹钟来定时提醒。设置闹钟前，要先找到"时钟"应用图标（图1-140）。

图1-140 "时钟"应用图标

点击该图标进入时钟操作界面，可以看见该界面底部有4

个图标，分别是"世界时钟""闹钟""秒表""计时器"。点击"闹钟"图标，打开该功能的界面（图1-141）。

图1-141　闹钟操作界面　　　图1-142　闹钟编辑界面

点击右上角的"+"号按钮，就可以添加新的闹钟，并编辑相关信息了（图1-142）。

我们可以添加多个闹钟，分别设置在不同的时间点响起，可以设为工作日或周末的任何一天的任何时间（图1-143）。其中，"小睡"的功能相当于其他手机上所说的"懒人模式"，当闹钟响起时，点击屏幕上的"小睡"按钮（图1-144），闹钟就会暂时停止，并在几分钟后重新响起。

图1-143　设定闹钟生效期　　　图1-144　小睡按钮

这是喜欢赖床的朋友们一定要开启的功能，这样才不会因为"回笼觉"睡过了头而迟到。如果在闹钟响起时想要彻底将其关闭而不再重复提醒，那么只需将屏幕解锁即可。

七、设置天气预报

iPhone 还给用户提供了天气预报的功能，用户通过联网可以快速获取近期的天气情况，为自己的出行和健康提供预防保障。在正常使用这项功能前，得先设定自己所在的城市，或者希望了解天气信息的城市。

首先在桌面上找到"天气"应用图标（图1-145）。

图1-145 "天气"应用图标　　图1-146 所设定城市的天气情况

点击该图标进入"天气"应用界面，可以看见当前所设定的城市的近期天气情况（图1-146）。

点击右下角的"i"字形图标，就可以进入管理城市的列表界面（图1-147）。

图1-147 城市列表　　图1-148 添加新的需要获取
天气情况的城市

再点击左上角的"+"号按钮，转换到搜索页面，在搜索文本框中输入城市名称，就可以添加新的需要获取天气情况的城市了（图1-148）。我们可以一次添加多个城市，然后只要在天气应用界面上，左右滑动就可以查看不同城市的天气情况了。

八、使用备忘录

许多人出门时都会带一个小记事本，上面记录着今天应该做的事情，或者去超市所需购买物品的购物清单等，用来提醒自己不要遗忘任何事情。iPhone的备忘录功能就可以帮助用户记录事项且可以随手查阅，省去了不少麻烦，方便了日常生活和工作。要使用这项功能，首先找到"备忘录"应用图标（图1-149）。

图1-149 "备忘录"应用图标　　　图1-150 备忘录界面

点击该图标进入备忘录界面（图1-150），这里显示备忘录的列表，点击进入后可以查看具体的内容。

若需添加新的备忘录，可以点击右上角的"+"按钮，在文本区域中输入相关内容，然后点击"完成"按钮即可（图1-151）。

九、使用语音备忘录

除了上面提到的用文字记录信息的方法外，我们还可以用声音来记录信息，这就相当于将我们的iPhone变成一支录音笔，可以在会议演讲甚至采访时记录讲话内容。若要使用这个功能，首先要在主界面中找到"语音备忘录"应用图标（图1-152）。

图1-151　新建备忘录

图1-152　"语音备忘录"应用图标

点击该图标进入"语音备忘录"界面（图1-153）。

图1-153　语音备忘录界面

图1-154　录音按钮

点击左下角的"录音"按钮（图1-154）开始录音，点击右下角的"列表"按钮进入录音文件列表。当录音开始后，左下角的"录音"按钮就变成了"暂停"按钮（图1-155），用户可以根据需要进行分段录音，而右下角的按钮则变成"停止"按钮（图1-156），点击它可以停止录音（图1-157），并保存当前的录音文件。

再点击右下角的列表图标（图1-158），就可以看见已保存的录音文件了（图1-159）。

图 1-155　暂停按钮

图 1-156　停止录音按钮

图 1-157　录音过程

图 1-158　录音文件列表按钮

图 1-159　录音文件列表

十、使用邮件

除了短信以外，邮件也是人们传递信息的常用手段之一。原本只能由电脑完成的收发电子邮件的工作，如今在手机终端上也可顺利完成，这样一来，出门再也不必担心因遗漏重要的邮件而造成不良后果了。使用邮件功能前，首先要找到"Mail"应用图标（图 1-160）。

图 1-160 "Mail"应用图标

点击该图标可以进入邮箱设置界面。

首次登录，因为没有绑定邮箱，所以打开后进入的界面会显示各大邮箱服务网站的 LOGO，用户可以根据自己使用的邮箱服务商进行选择。如果前 5 个都不能满足要求，就可以点击最底部的"其他"选项（图 1-161），然后在"新建账户"界面中，根据提示填写对应的信息就能绑定自己的邮箱了。

图 1-161 邮箱网络服务商列表　　图 1-162 收件箱未读邮件提醒

绑定成功后，重新点击进入邮箱，系统会获取用户的未读邮件，然后在收件箱中显示条数（图 1-162）。

点击"收件箱"进入邮件列表，将显示尚未打开邮件的发件人以及简要内容（图 1-163）。

如果想要手动获取未读邮件，只需点击左下角的"刷新"图标即可。点击右下角的"书写"图标表示编辑新的邮件，点击后可以进入新邮件编辑界面（图 1-164），根据提示填入相应信息，即可将邮件发送出去。

图 1-163　未读邮件列表　　　图 1-164　新邮件编辑界面

模块二　常用软件下载和安装

作为一个开放性的手机系统，Android 引来了众多编程人员为之呕心沥血开发应用软件，这使得其软件资源越来越多。本章主要为大家介绍如何方便快捷地下载到自己喜欢的软件，并将其安装到手机上。

第一节　用安卓电子市场下载和安装 APP 软件

对于初学者来说，使用安卓电子市场来搜索和下载软件是最方便不过的了，通常新手机的主屏幕中都有它的身影。

一、认识安卓电子市场

安卓电子市场是谷歌官方推出的在线的软件市场客户端，您可以在这里面找到最新的软件产品，付费或免费下载并安装使用。

注意谷歌的安卓市场相当于 Apple 手机上的"AppStore"，它们有共同的运作和经营模式。手机系统平台的搭建者（谷歌或 Apple 公司）对全球的程序开发人员和爱好者免费提供针对其系统的应用程序开发套件。人们用这些官方工具编写应用程序，并在模拟器和设备（安卓手机或 Apple 手机）上进行测试。由于程序设计者为除平台搭建者和用户之外的另一个集团，故称为"第三方"，其开发的程序称为"第三方软件"。

经过测试的软件便可以在设备上运行，但若要挂在系统平台上向用户销售，开发者还要向系统搭建者缴纳会费，并在软件得到认证后进入电子市场进行销售。

用户通过电子市场搜寻自己需要的软件，需要关联自己的信用卡账户。在下载软件的过程中自动实现划账付费。此部分收入会按照比例由第三方和系统搭建者分配，从而实现赢利。

点击手机桌面的电子市场图标进入软件界面（倘若没能在手机桌面找到电子市场的话可以进入"所有程序列表"进行搜索）。市场主页中将显示最新的推荐软件，同时有"应用程序""游戏"和"HTC"3个分类选项供选择，其中"HTC"选项因用户手机品牌和型号的不同而有所差异，如图2-1所示。

图2-1　进入安卓电子市场

选择"应用程序"选项，在新的界面中查看程序分类。找到自己感兴趣的类别，直接点击即可查看详细的程序列表。如图2-2所示为"图书与工具书"列表界面。每个软件的后面都有通过统计用户评价而得来的"星级"打分，这是您在选择软件时相当重要的一个参考。

二、下载软件

（1）在应用程序列表中找到并打开电子市场，点击右上角的搜索图标，如图2-3所示。

（2）输入要搜索的软件，如qq，在出现的列表中选择需要的软件，如图2-4所示。

（3）在"手机qq"界面点击"安装"，如图2-5所示，点

图 2-2　查看应用程序

图 2-3　电子市场

击"接受并下载"。

在软件介绍界面可以查看软件的大小，使用移动网络下载软件的朋友需要注意自己的流量。

（4）下载安装完成后在顶部的通知栏中会有提示，进入应用程序列表中也可以看到软件安装成功了，如图 2-6 所示。

图 2-4　搜索软件

图 2-5　下载安装

图 2-6　安装成功

第二节　安装非官方 APP 软件

除去官方电子市场，还有很多方法进行软件的安装。

一、设置未知来源

对于非官方安装软件，需要设置手机允许安装未知资源。

（1）进入"设置"界面，点击"安全"选项，如图 2-7 所示，在安全面板中勾选"未知来源"。

图 2-7　勾选未知来源

（2）在弹出的面板中点击"确定"，"未知来源"就设置好了，如图 2-8 所示。

图 2-8　点击"确定"

二、利用蓝牙得到安装文件

（1）在"设置"中找到蓝牙，将其状态设置为"打开"，如图 2-9 所示，点击"蓝牙"，蓝牙的初始状态为"不让其他蓝牙设备检测到"，点击则更改状态。

图 2-9　打开蓝牙

（2）现在蓝牙状态被改为"让附近所有的蓝牙设备均可检测到"，如图 2-10 所示，后面的时间表示其他蓝牙设备可以与您的手机进行蓝牙连接的时间，超过该时间您手机的蓝牙又变回一开始的不可检测状态。接下来就从电脑和手机等蓝牙设备中将 apk 安装文件传输过来，打开进行安装就可以了。

图 2-10　设置状态为可检测

apk 是 AndroidPackage 的缩写，即 Android 安装包，它是 Adnroid 程序的常见格式。

三、使用 360 手机助手安装

360 手机助手支持 2 500 多款 Android 手机，提供超过 10 万款绿色无毒的手机软件，是同类软件中兼容性良好、操作人性化的手机管理软件。同时从 360 手机助手上可以下载到最新的歌曲、图书、视频、软件等。计算机端 360 手机助手的下载地址为 http：//www.360.cn/shoujizhushou/，下面介绍如何使用 360 手机助手安装软件。

（1）安装好 360 手机助手之后，将手机与计算机连接，双击桌面图标，打开 360 手机助手主界面，如图 2-11 所示，这里可以看到手机的一些基本状态，点击"装软件"。

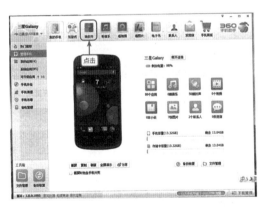

图 2-11　点击"装软件"

手机在连接 360 手机助手前需要在"设置"中调整为"开发"→"USB 调试"状态，否则连接失败。

（2）在 360 手机助手中包含各种类型的软件，手机上已经安装的软件可以进行升级操作，直接点击需要的软件，如图 2-12 所示。

图 2-12　点击"安装"

（3）软件会自动进行下载，如图 2-13 所示，点击右下角的下载栏可以查看详细下载进度。

图 2-13　下载软件

（4）下载完成之后，页面会提示安装位置，如图 2-14 所示，选择"智能选择安装位置"，然后点击"确定"。

（5）360 手机助手界面右下角状态变为"正在安装"，同时手机上将弹出提示框，如图 2-15 所示，点击"同意"。

图 2-14 选择安装位置

图 2-15 安装软件

（6）安装完成之后，点击"我的手机"，然后点击"我的应用"即可看到刚安装好的软件，如图 2-16 所示。

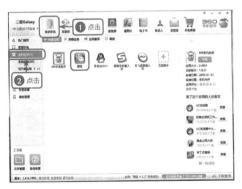

图 2-16 查看已安装软件

（7）如果已经下载好了 apk 软件，通过 360 手机助手也可以直接安装到手机上，点击"装软件"，然后点击"安装本地软件"，如图 2-17 所示；在打开的文件管理器中，选择需要安装的软件，然后点击"打开"，接下来 360 手机助手就开始自动安装软件。

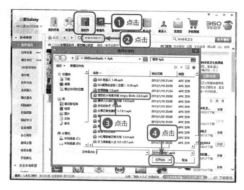

图 2-17　点击"安装本地软件"

四、手机浏览器中直接安装

除了使用 Android Market 和 360 手机助手安装软件外，还可以使用手机浏览器直接安装。

（1）在应用程序列表中找到并点击浏览器图打开浏览器，在地址栏中输入下载地址，如安卓网下载地址 m. apk. hiapk. com，找到并点击要下载的软件，在该软件界面点击下载图标，如图 2-18 所示。

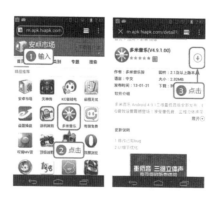

图 2-18　在浏览器中安装

（2）下载完成可以在通知面板中看到下载完成的信息，如图2-19所示，点击刚下载完成的软件，进入该软件安装界面，点击"安装"即可。

图 2-19　安装软件

第三节　删除软件

本节介绍两种删除软件的方法。

一、在手机中直接删除

（1）在应用程序中找到要卸载的软件，轻轻按住该软件的图标，直到出现桌面、卸载和应用信息等内容，如图 2-20 所示。

图 2-20　轻轻按住

（2）将图标拖拽到"卸载"位置，该部分内容变红时放开图标，如图 2-21 所示，在弹出的菜单中点击"确定"。

图 2-21　拖动到卸载

（3）过一会软件就卸载成功了，如图 2-22 所示。

图 2-22　卸载完成

二、在 360 手机助手中删除

360 手机助手不仅可以删除自己安装的软件，还可以删除系统自带的软件。

（1）将手机与计算机连接以后，打开 360 手机助手，如图 2-23 所示，点击"我的手机"→"我的应用"，然后点击需要删除的软件的图标，在右侧点击"卸载"。

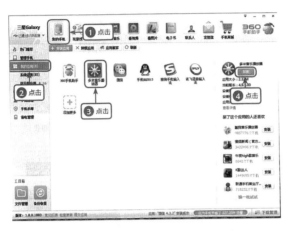

图 2-23　删除软件

（2）弹出如图 2-24 所示的提示信息，点击"确定"，即可将软件删除。

图 2-24　点击"确定"

第四节　网上冲浪

一、浏览器

浏览器是用来浏览网页的应用程序，是与互联网交互的基础入口，几乎每个手机出厂时都内置了浏览器。此外，还有众多的第三方浏览器可供选择，第三方浏览器往往提供了比内置浏览器更丰富的功能。常见的浏览器有 UC 浏览器、QQ 浏览器、360 浏览器、欧朋浏览器、百度浏览器等。浏览器的核心功能是浏览网页，围绕着这个核心，手机浏览器的常见功能有多窗口管理、网址导航、书签、书签同步、夜间模式等。浏览器是高度同质化的应用，不同厂商的产品只是在功能和界面布局以及一些细节上有区别，这里以 Android 平台下的 UC 浏览器为例，介绍浏览器的使用方法。

打开 UC 浏览器，主页如图 2-25 所示。

在"搜索和地址栏"中输入关键词可以直接调用百度搜索，搜索"QQ"，结果如图 2-26 所示。

图 2-25　UC 浏览器

图 2-26　搜索和地址栏

点击主页键可以返回主页，在地址栏直接输入网址，可以直接访问网页，例如输入"www.baidu.com"即可进入百度首页，如图 2-27 所示。

点击窗口键，即可出现窗口管理界面，如图 2-28 所示，可以切换浏览窗口，关闭或新增窗口。

图 2-27 百度首页　　　图 2-28 窗口管理界面

在这个界面，点击关闭即可关闭当前网页的浏览窗口，点击返回会回到上一个界面，点击新增，可以增加一个新的浏览窗口，左右滑动屏幕切换窗口。在这里，我们先点击关闭，关闭浏览"百度"的窗口，再点击新增，这时会出现一个新窗口。

下面介绍浏览器的书签使用方法，浏览器是通过网址访问网站的，浏览器可以帮我们记住常用网站的网址，这样就可以避免重复输入网址。下面演示如何将网址添加到书签。在浏览器中访问"jd.com"，打开网址后，点击菜单，在弹出的菜单中选择收藏网址，选中书签后确定即可，如图 2-29 所示。

成功添加书签后，点击菜单键，再点击"书签/收藏"，即可打开查看书签，点击编辑，可以对书签进行命名、删除、分组等操作（图 2-30）。

二、搜索工具

互联网上拥有海量信息，面对如此纷繁浩杂的信息网络，当我们需要查询、检索资料时，就必须借助搜索引擎了（图 2-31）。搜索引擎几乎可以看作是网络的入口，当需要查找信息时，在搜索引擎中输入关键词，就可以看到相关的网页。

图 2-29　浏览器的书签　　　　**图 2-30　书签/收藏**

国内常用的搜索引擎有百度、360 搜索、搜狗等。百度（www.baidu.com）是国内使用最多的搜索引擎。在手机上使用百度非常简单，只需要打开手机浏览器，在地址栏输入百度的域名：www.baidu.com 即可进入百度主页。

图 2-31　搜索引擎　　　　**图 2-32　"推广"标志的链接**

在搜索栏中输入想要查询的关键词，点击"百度一下"，即可查看搜索结果。假如我们需要查询小米和三星手机哪个好，就可以直接输入"小米和三星哪个好"，结果如图2-32所示。

上下滑动屏幕，可以看到很多相关的网页，这里需要特别注意的是，图2-32中排在前面的3个网页底部有"推广"标志，简单地说，有"推广"标志的是搜索引擎推送的广告，与我们的要搜索的内容并无太大相关关系，所以在使用百度搜索时，需要注意尽量不要点击有"推广"标志的链接。

当然，百度也可以输入多个关键词，例如，我们输入"小米三星"即可找到与小米和三星相关的网页（图2-33）。

图2-33 多个关键词的输入 图2-34 准确或相关关键词的输入

百度搜索具有搜索建议功能，可以根据用户输入的关键词，推荐更加具体准确的关键词或者相关的关键词。在搜索结果页的底部，可以看到很多候选的关键词，点击即可搜索，如图2-34所示。

此外，百度还具有输入纠正的功能，例如，输入"xiaomi"或"小米"，都会默认展示"小米"的搜索结果，但是如果确实想搜索"xiaomi"或者"小米",在搜索结果页可以点击"仍然搜索",如图 2-35 所示。

图 2-35 输入纠正功能

第五节 通讯社交

通讯类程序,将介绍当前国内外流行的即时通讯工具,包括 QQ、微信、米聊、WhatsApp 和 Talkbox;而社交类程序,主要介绍国内流行的微博应用程序,包括新浪、腾讯和网易微博。

一、即时通讯

通讯类程序能够实现在线的文字、图片、语音,甚至是视频通讯,以下几款即时通讯工具,都各有特色,玩家可根据喜好选择合适的通讯程序。

(一) 腾讯 QQ

腾讯 QQ 是国内市场占有率最高的即时通信程序,其功能和界面与计算机版本非常相近。

QQ 客户端程序功能完善,支持发送语音、图片、文字、涂鸦和插入地理位置等对话方式,以及实时视频通话。其对话聊天和视频通话界面如图 2-36 所示。

图 2-36　QQ 对话聊天界面和视频通话界面

（二）微信

微信是腾讯公司推出的免费即时通讯程序，支持发送文字、图片、视频以及语音短信，其功能类似于 QQ。不同的是，微信将 QQ 好友和手机联系人结合在一起，只要 QQ 好友或联系人中使用了微信，就可以将其添加为微信好友。

微信有多种好友邀请方式，除了通过 QQ 好友和通讯录查找，还提供了有趣的"查看附近的人""摇一摇"和"扫描二维码"等添加方式。其中二维码添加方式，只需要扫描好友的二维码标识即可添加为好友，当然，也可以制作自己的二维码标识供别人扫描添加。其好友查找方式和聊天界面如图 2-37所示。

图 2-37　微信好友查找方式和聊天界面

进入程序"设置"界面，可更改聊天的背景。

除微信间的通讯，该程序还能够接收离线 QQ 消息、QQ 邮件提醒等，进入设置界面，即可开启或关闭这些插件功能。

（三）米聊

米聊是由小米公司推出的即时通讯程序，大家熟知的小米手机就是由该公司生产的。此外，小米公司还推出了手机操作系统 MIUI，与手机、微信共同构成了该公司的三大核心产品。米聊与微信都占据了较大的移动 IM（Instant Messenger，即时通讯）市场。

米聊同样提供多种好友查找方式，并提供了从人人网、新浪微博等社交网络添加好友；而在沟通方式上，米聊提供了文本、图片、语音、涂鸦、插入地理位置等方式，其好友查找方式和聊天界面如图 2-38 所示。

图 2-38　米聊好友查找方式和聊天界面

米聊同样支持群聊，目前最多支持 20 人群聊。

米聊的特色功能是，提供了广播和语音微博的功能，通过"广播"功能，可将您想说的话发布，并能得到评论或转播，也就是移动微博的功能；而语音微博则可以直接将语音分享至新浪微博。

（四）WhatsApp 移动信息应用（英文）

WhatsApp 是一款在国外非常流行的即时聊天软件，其最大的特色是能够实现跨平台通讯，支持 Android、ISO、Windows Mobile、BlackBerry 等系统之间的互相通讯。

　　注册并登录 WhatsApp，该程序将自动关联手机联系人，只要安装了此款软件的联系人，都会出现在 WhatsApp 好友列表中；在对话界面，除文本外，还可插入视频、声音、图片和地理位置，其联系人界面和对话界面如图 2-39 所示。

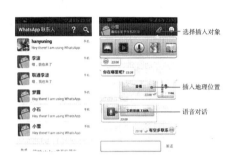

图 2-39　WhatsApp 联系人列表和对话界面

（五）TalkBox 语音聊

　　TalkBo（TalkBox Voice Messenger）是由香港团队开发的一款即时语音通讯程序，其程序较为简洁，支持免费发送语音、图片和文字，并支持群聊。

　　Talkbox 主要是基于社交网络，在好友邀请方式中加入了 Fackbook，但国内无法使用 Facebook，可选择通过用户名或 E-mail 地址邀请好友。

　　选择好友进入对话界面后，长按"语音"图标并可通过滑动选择输入方式，该程序主界面和对话界面如图 2-40 所示。

　　同样的，该程序支持发送文字、语音、图片和地理位置信息。

　　Talkbox 最多支持 8 人同时群聊。

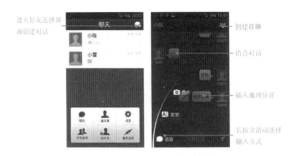

图 2-40　Talkbox 程序主界面和对话界面

二、微博社交

微博是当前最热门的手机应用程序，大家都非常熟悉。在国外，Facebook 和 Twitter 占据了社交网络最大市场份额，而在国内，主要以新浪和腾讯微博为代表，在用户量和活跃度方面均较高。

以下简单介绍几款微博程序，其功能方面差异并不大，用户可根据个人喜好进行选择。

国内用户无法访问 Facebook 和 Twitter，想要体验国外的社交网络，可使用 Google+。

（一）新浪微博

新浪微博是国内最先出现的微博客（MicroBlog）平台，加上名人和高端人士的助力，使得新浪微博成为当前最活跃、人气最旺的微博平台。

注册并登录新浪微博，即可关注用户、发布信息以及参与话题。进入广场，即可通过多种方式搜索话题或用户，以关注您感兴趣的信息。查看微博信息和搜索界面如图 2-41 所示。

在发布信息时，可插入图片、头像和地理位置信息；而在发送私信时，除图片、地理位置等信息外，还增加了语音的发送。

长按某微博信息将弹出操作菜单，可选择转发、评论或收藏信息等。

图 2-41　新浪微博查看微博信息和搜索功能界面

（二）腾讯微博

腾讯微博与 QQ 用户绑定，使用 QQ 账号即可登录使用腾讯微博，所以在用户数方面，腾讯微博优势更为明显。

腾讯微博使用直观、便捷，同样提供了多种信息获取方式，以及提供了完善的信息发布与私信功能。其查看信息和搜索功能界面如图 2-42 所示。

图 2-42　腾讯微博查看信息和搜索功能界面

（三）网易微博

网易以海量的邮箱、博客和游戏用户群体为基础，并计划利用这些用户信息关系，来推动网易微博的发展。

网易微博同样功能齐全，提供了简约的界面和鲜明的色彩布局，其信息浏览和信息查找界面，如图 2-43 所示。

图 2-43　网易微博信息浏览和信息查找界面

第六节　语音识别

在前面章节介绍的 Google 语音搜索和 Google 语音输入法，是基础的语音识别程序，以下为大家介绍更为智能和有趣的语音识别控制程序，可实现语音发送短信、E-mail、呼叫联系人等，而更为智能的，可以和程序聊天。

一、语音控制

以下介绍能够识别中文，并能够执行指令的控制程序，包括讯飞语点、Vlingo 和 Siri。

（一）讯飞语点

讯飞语点是一款中文识别率极高的智能语音助手，该程序除了能够识别中文并且执行指令之外，还能够实现语音对话，是一款能听能说的语音识别程序。

该程序能够执行多种语音指令，例如语音拨号、发短信、查天气、查地图、导航、设置闹铃等等，而且程序会通过语音回复您的指令，例如查询天气后，会语音播报天气信息。其程序主界面和查询天气界面如图 2-44 所示。

图 2-44　讯飞语点程序主界面和查询天气界面

　　如语音要求查航班、查地图时，将转至互联网进行搜索；除了执行语音命令外，该程序还能够完成一些智能对话，例如讲笑话、介绍知识等。其航班查询和智能语音对话界面如图 2-45 所示。

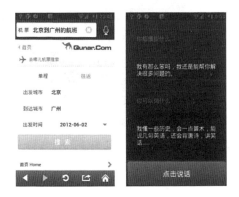

图 2-45　讯飞语点航班查询和智能语音对话界面

讯飞系列产品，还包括语音输入法（集语音识别、手写、拼音、笔画输入于一体）、讯飞语音电子书（语音朗读电子书）、讯飞口讯（语音通信）等。

（二）Vlingo 中文语音控制

Vlingo 是一款较为成熟的语音识别控制程序，虽然不能实现语音对话，但可以执行语音命令，其界面简洁易用，支持中、英、法等多种语其功能包括语音发送短信、E-mail、拨号、搜索信息、打开程序等基本操作。例如说出"发送短信"，程序将进入短信发送界面，短信的内容同样使用语音输入。

除此之外，Vlingo 还提供了实用的驾驶模式，可以为您的驾驶带来帮助。例如使用"导航"功能设置目的地后，程序将调用 Google 导航程自动定位并计算导航路线。Vlingo 程序主界面和驾车模式界面如图 2-46 所示。

单击左上角小喇叭可开启 SafeReader 功能，可以为您阅读接收到的短信和 E-mail。

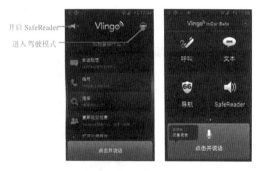

图 2-46　Vlingo 程序主界面和语音发送短信界面

（三）Siri

该款名为 Siri For Android 的程序，与 iPhone 中的 Siri 的名字和图标一模一样，以致很多用户以为是苹果中的 Siri 移植到了

Android，并大量被下载。实际上，该程序内部植入了 Google 的语音驱动，实际上是一个语音搜索的加强版。

但该程序的中文识别率较高，仍是一款有趣和实用的语音识别程序。

该程序默认为中文识别，如需使用英文识别，需进入设置界面进行语言选择。

该程序同样可以执行发送短信、设置提醒等多种指令，在程序界面单击下方图标并发出语音控制，例如说出"发送短信给×××""明天早上 10 点会议"等，程序将进行短信发送和设置闹钟提醒，如图 2-47 所示。

图 2-47 Siri 发送短信和设置闹钟提醒界面

（四）Speaktoit 英文语音助手

Speaktoit 是一款全英文语言控制程序，除了执行指令外，还可以将对话内容通过语音朗读出来。其功能包括发邮件、发短信、打电话、写日程、查天气、设置日历等等。

Speaktoit 程序主界面简洁，只需要选择右下角的麦克风图标即可和该语音助手对话，Speaktoit 程序主界面和语音输入界面如图 2-48 所示。

如果需要语音助手为您发送 E-mail，朗读 Send a email 即可，之后助手将提示您朗读 E-mail 的内容，朗读结束后，程序将自动调用 E-mail 程序，并将内容粘贴至邮件中。

图 2-48　Speaktoit 程序主界面和语音输入界面

二、音乐识别

猎曲奇兵是一款音乐识别程序，只需要听到歌曲的一部分旋律，甚至是哼唱，都可以搜索到该歌曲。在商城、咖啡厅、路边听到动听的歌曲而又不知道歌名时，该程序就能帮到您进入程序之后，只需要选择中间的"轻触此处"，并将手机靠近音乐源，经过几秒的识别，程序将自动搜索歌曲信息。其主界面和歌曲自动搜索界面如图 2-49 所示。

图 2-49　猎曲奇兵主界面和歌曲自动搜索界面

类似的音乐识别程序，还有 Shazam，具有相同的音乐识别功能。

第七节　旅游出行

旅游出行时，会涉及选择交通工具、查找线路、订机票和酒店、查找景点、搜寻美食以及关注天气信息等，而这些旅行所需信息，都可以在 Android 手机上实现，以下简要介绍能为旅行出行带来帮助的应用程序。

一、地图导航

前面已经介绍过 Google 地图导航，但该程序需实时下载地图，以及依赖第三方程序实现语音导航，以下介绍一些可下载离线地图和实现语音导航的高评分导航程序，包括凯立德、导航犬和图吧导航。

（一）凯立德导航

凯立德是国内最专业、国内市场占有率最高的导航程序，被广泛地应用于车载、手机和便携导航。Android 版凯立德，不仅提供了语音导航、实景路口显示、电子眼提醒功能，还集合了 K 友社交功能，可互发信息，以及获知 K 友实时位置等。

注册程序后，可免费体验三个月语音导航服务，之后需购买包月语音服务，而地图导航则免费，首次开启凯立德，需下载并安装公共数据包，之后下载所需省份的地图，完成后，将自动定位手机所在位置。在导航界面，输入出发地和目的地，即可实现导航，其地图定位和实时导航界面如图 2-50 所示。

地图中任意位置都对应一个 9 位长 K 码。分享或搜索 K 码位置，可用于定位和导航。

（二）导航犬

导航犬也是在 Android 系统中颇受欢迎的免费地图导航程序，程序使在线或离线的地图和语音导航数据。

开启 GPS 和导航犬程序，即可定位手机所在位置，导航时，

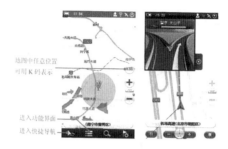

图 2-50　凯立德地图定位界面和实时导航界面

通过文字或语音查找到目的地后，即可获得规划线路和语音导航服务，除此之外，还可以获得多个城市的实时路面拥塞情况、电子眼警示等服务，其实时路面拥塞情况和导航界面如图 2-51 所示。

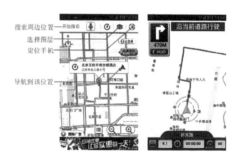

图 2-51　导航犬实时路面拥塞情况和导航界面

使用在线导航服务，会耗费较多流量，可在程序主界面打开 Menu 菜单，选择"下载离线地图"和"离线语音导航数据"。

（三）图吧导航

图吧导航同样能提供周边搜索、语音导航、电子眼提示等功能，同时，提供 30 多个城市的实时路况信息，其特色功能是，可通过手机摄像头，提供实景语音导航服务。

该程序操作便捷，进入程序后，只需通过文字或语音查找目的地，即可开始语音导航服务，其地图导航和实景导航界面如图 2-52 所示。

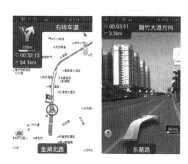

图 2-52　图吧地图导航界面和实景导航界面

程序可选择使用在线地图或下载离线地图。如需下载，在程序主界面打开 Menu 菜单并选择"数据管理"即可选择下载地图。

类似的导航服务程序，还有高德导航、百度地图导航、搜狗地图导航等，均能够提供完善的导航服务。

二、交通服务

交通服务中，介绍航空、火车、公交和地铁相关的信息查询程序，具体为航空管家、8684 火车、8684 公交、8684 地铁。

（一）航空管家

航班管家提供实时航班信息，包括各航空公司航班、票价、折扣、剩余张数、航班实时起降等信息，是航空出行的最佳助手。

程序可查询航班信息、进出港动态信息（航班起降情况）、机场攻略（提供出入机场的交通线路、机场登机口指示等辅助信息）等，是一款专业的航空服务程序。其航班查询结果和机场攻略如图 2-53 所示。

图 2-53　航班管家航班查询结果和机场攻略

（二）火车

该程序可查询火车、高铁和动车的车次信息，并可在结果中显示票价信息如图 2-54 所示。

图 2-54　8684 火车车次查询结果和售票点查询结果

（三）公交

8684 公交涵盖全国 500 多个城市的公交线路信息，下载所需城市的公交信息后，即可实现离线查询。

该程序的特色功能是，在查询公交线路信息时，在地图中直接选择起点站和终点站即可，免去了输入的麻烦。而获取公交线路信息后，还可以在地图中标示出整个线路。地图中选择站点和线路查询结果如图 2-55 所示。

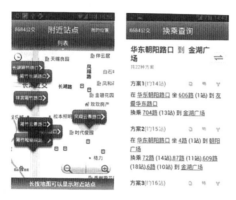

图 2-55　8684 公交选择站点和线路查询结果

在地图中，长按某位置，即可获取该位置附近的公交站点信息。

（四）地铁

8684 地铁提供了北京、上海、广州、深圳、香港等 10 多个城市的地铁信息，下载所需城市的地铁信息后，即可查询地铁线路信息。

除线路查询外，程序还提供了直观的线路图，其线路查询结果和地铁线路图，如图 2-56 所示。

三、出行综合应用

如果专门的交通查询工具，还无法满足出行需求，那么可选择包含各类出行信息的综合应用程序，以下介绍三款功能较齐全的综合辅助程序，分别是易行、携程无线和去哪儿旅行。

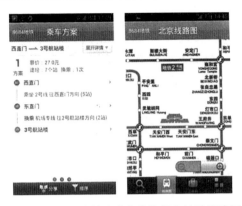

图 2-56　8684 地铁线路查询结果和地铁线路图

（一）易行

易行中提供了列车、航班、公交和地铁线路查询，同时还提供了酒店查询和预订功能，功能较为丰富。

在程序主界面中，提供了各类信息查询入口，其中酒店查询，还可获知房间价格、酒店地图位置、外观图片等相关信息，其程序主界面和酒店查询结果列表如图 2-57 所示。

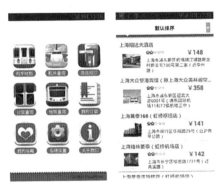

图 2-57　易行主界面和酒店查询结果列表

（二）携程无线

携程无线是由携程旅行网推出的客户端程序，同样是一款综合旅行服务程序，包括酒店、机票、火车的查询和预定，以及各大城市旅游景点咨询、线路和销售信息。

该程序功能较为齐全，特别是在酒店信息查询方面，提供了酒店的详细信息、图片以及地图位置标识等，为用户入住酒店提供很好的参考；而在旅游产品方面，提供了众多的丰富的旅游产品团购服务，只需要注册账号即可购买。该程序主界面和旅游产品查询界面如图 2-58 所示。

图 2-58　携程无线程序主界面和当地旅游产品查询

（三）去哪儿旅行

去哪儿旅行由去哪儿旅行网推出，同样是一款旅游出行参考程序，该程序提供机票、火车票、酒店查询和预定，以及旅游产品团购、景点查询等综合功能。

该程序特色功能是，能够搜索航班的价格趋势，为你找到最优惠的机票。而酒店信息方面，同样提供了详细的酒店介绍、地图位置等。其程序主界面和机票价格趋势查询界面如图 2-59 所示。

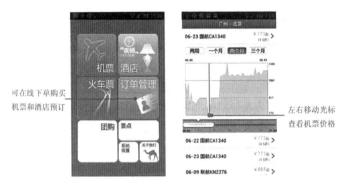

可在线下单购买
机票和酒店预订

左右移动光标
查看机票价格

图 2-59　去哪儿旅行主界面和机票价格趋势查询界面

四、旅行辅助程序

旅行辅助程序，包括获取各类商品购买信息、美食信息，以及获取天气信息等工具，以下分别介绍大众点评、去哪吃、墨迹天气以及出国旅行辅助工具——旅行翻译官。

（一）大众点评

大众点评也是一款信息搜索程序，该程序能够快速定位查找美食、酒店和娱乐等信息，最重要的是，能够查看网友对商家的点评，以作为选择的参考。

程序能够获取查询对象的详细介绍、地图位置、电话以及用户评论等信息，当然，也可以注册并发表自己的评论，其程序主界面和餐厅详细信息界面如图 2-60 所示。

（二）去哪吃

去哪吃是一款类专门分享美食信息的平台，用户之间可相互关注，并获知对方发布的美食信息并参与评论。同时，还可以搜索全国各大城市的美食信息。

该程序提供了丰富的美食信息，如果查询餐厅，甚至能够获取该餐厅详细的菜单信息。其热门美食信息列表和餐馆信息介绍如图 2-61 所示。

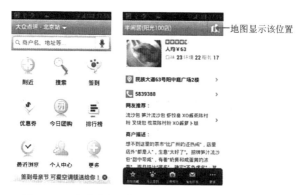

图 2-60　大众点评程序主界面和餐厅详细信息界面

图 2-61　去哪吃热门美食信息列表和餐馆信息介绍

（三）墨迹天气

墨迹天气是一款画面精美、精确实用的天气预报程序，提供未来五天的气象信息。

程序除了提供天气信息外，还提供了温度趋势、风力趋势以及穿衣指数等相关信息；并提供了精美的桌面插件，直观地显示日历和天气信息。其气象信息和桌面插件如图 2-62 所示。

图 2-62　墨迹天气气象信息和桌面插件

（四）旅行翻译官

旅行翻译官是由蚂蜂窝网站推出的旅行用语发音程序，该程序搜集了 20 多个国家和地区的常用语言，包括交通、问候、购物、娱乐、餐饮等语句，能为您的国外旅行带来极大的帮助。

该程序需要下载所需的语种数据包，安装数据包后，选择某条语句，手机将发声朗读。其丰富的语句可以让您不再担心国外旅行的语言障碍问题，其程序主界面和问候类别的语句列表如图 2-63 所示。

图 2-63　旅行翻译官程序主界面和问候类别的语句列表

第八节　学习办公

电子办公不再完全依赖于计算机，在 Android 手机上，同样能够实现文档编辑、文件扫描、会议录音等商务功能，以下介绍较为流行的移动电子办公程序，满足您随时随地办公的需求。

一、办公文档处理

文档处理程序包括对 Office、PDF 和 TXT 文档的处理，本小节具体介绍 Documents To Go、WPS Office、Office suit、Adobe Reader 和用于文字记录的小米便签。

（一）Documents To Go

Documents To Go 是一款较流行的电子文档处理程序，该程序支持 Word、Excel、PowerPoint、TXT 文档的阅读、创建和编辑，以及 PDF 文件的浏览。

该程序主界面中，可新建文档，或者从存储卡中打开已创建文档；开启某 Word 文档，并打开 Menu 菜单选择"编辑"，即可编辑文档，包括字体编辑、段落格式、标注、排序、插入图片、复制粘贴等等。其 Word 和 Excel 文档编辑界面如图 2-64 所示。

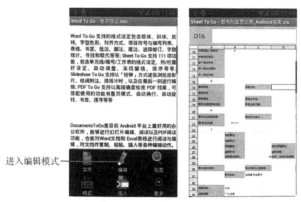

图 2-64　Documents To Go 的 Word 和 Excel 文档编辑界面

Documents To Go 支持文件上传至 Google 账户，实现远程存储。

（二）WPS Office

WPS Office 手机版是金山公司推出的电子办公软件，全面支持微软的 Office 文档的编辑和 PDF 文档阅读，并且支持将文档上传至金山快盘进行在线存储。

WPS Office 界面美观大方、功能完善，与计算机中的操作界面比较接近，较易上手。在文档编辑界面，可直观地使用其二级工具栏进行编辑，并且可以左右滑动选择功能按钮，其 Word 和 PPT 文档编辑界面如图 2-65 所示。

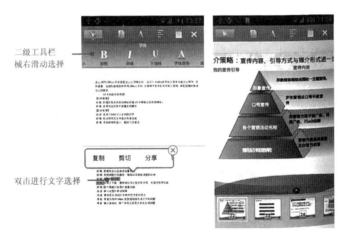

图 2-65　WPS Office 的 Word 和 PPT 文档编辑界面

（三）Office Suit

Office Suite 同样是一款功能强大、兼容微软 Office、PDF 文档的办公程序。

Office Suite 文档编辑界面中，编辑按钮位于界面下方，通过左右滑动选择功能按钮。特别的是，该程序新建 PPT 文档时，提供了大量的 PPT 模版供选择，用于创建更美观的 PPT 文档。其 word 文档编辑和 PPT 模版选择界面如图 2-66 所示。

图 2-66　Office Suite 的 Word 文档编辑和 PPT 模版选择界面

Office Suite 同样支持文件远程存储，可以和 Google、Dropbox 及 Box 等账户关联，实现文件上传。

类似的电子文档编辑程序，还有 Quick Office、ThinkFree Office、Google Docs，Polaris Office 等，均能够完成 Office 文档的处理。

（四）Adobe Reader

Adobe Reader 文档阅读器用于阅读 PDF 格式的电子文档，该程序支持用户直接在浏览器和 E-mail 附件中打开 PDF 文件。

尽管 Document To Go、WPS Office 等程序同样支持 PDF 文件的阅读，但相比起来，Adobe Reader 在开启文件效率、搜索和书签等方面更具优势，同时，其支持手势缩放、文字复制以及绘图标注等操作，其文字复制和绘图标注功能如图 2-67 所示。

在文档阅读界面可通过双击或两点触控屏幕，进行文档的放大和缩小。

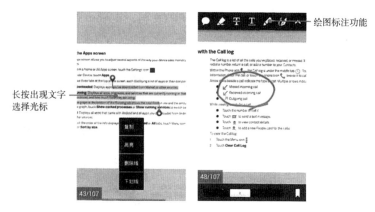

绘图标注功能

长按出现文字
选择光标

图 2-67　PDF Reader 文字复制和绘图标注功能

（五）小米便签

如果不需要复杂的文档编辑功能，只需要一个文字记事本，那么推荐使用小米便签。

该程序占用内存小，界面简洁美观，使用简单。支持将文件备份至存储卡或者通过邮箱发送，支持创建桌面小工具，其程序主界面和文字编辑界面如图 2-68 所示。

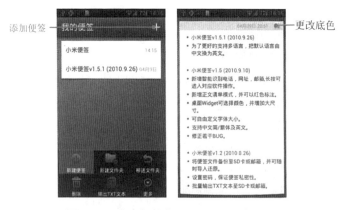

添加便签

更改底色

图 2-68　小米便签主界面和文字编辑界面

该程序可智能识别电话、网址、邮箱，长按可进入对应的软件操作。

二、扫描和录音程序

此处介绍文档扫描、名片扫描识别程序，以及录音程序。

（一）CamScanner 扫描全能王

扫描全能王能够将 Android 手机变成便携扫描器，可方便地扫描记录各种文档，并转换为 PDF 文件进行保存和阅读。

其扫描功能实际就是使用相机拍照，所以相机性能直接影响扫描的效果（除拍照外，还可从手机图库里选取图片生成 PDF 文档）。在完成文件拍照后，可对图片进行智能裁剪和图像增强处理，以确保文件的清晰可读。其图像增强处理以及生成 PDF 文件后的效果如图 2-69 所示。

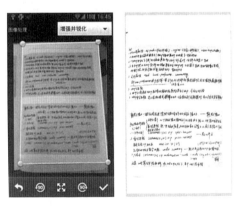

图 2-69 扫描全能王图像增强处理以及生成 PDF 文件效果

程序可与 Box 和 DropBox 账户关联，实现文件上传至云端保存。

（二）Cam Card 名片全能王

名片全能王是一款名片阅读识别程序，该程序通过相机拍摄名片后，能够自动识别名片中的联系人信息，并按照联系人的格式存入电话簿中。

除了识别名片外，程序还能够直接将名片图像进行保存，实现了名片夹的管理功能，其扫描名片和识别名片信息界面如图 2-70 所示。

图 2-70　名片全能王扫描名片和识别名片信息界面

（三）录音同步笔记

录音同步笔记适合于会议、培训和学习等需要录音的场合。该程序将记事本和录音功能结合在一起，可同时记录文字和录音，并能够通过文字搜索对应的录音文件。

在程序主界面中，选择 New 按钮，即可新建录音文件，在录音界面下方则可以输入相关的文字记录。创建多个录音文件后，可按文件名搜索录音文件，其程序主界面和录音笔记界面如图 2-71 所示。

图 2-71　录音同步笔记主界面和录音笔记界面

第九节　娱乐活动

一、看视频

手机不光可以用来聊天、购物、办公，还有强大的娱乐在线功能。目前有很多在线视频平台，在上面可以看到海量的电视剧、电影、综艺节目，定时守电视机前等电视剧的时代已经不复返了。在手机上看视频，想看什么就看什么，想什么时候看就什么时候看。国内主要的在线视频平台有乐视、爱奇艺、腾讯视频、搜狐视频等。这些视频平台都推出了安卓和 iOS 版的手机软件，安装后可以直接在线看视频。各家视频平台的主要区别在于内容不同，有的视频是独家的，在使用方面没有太大区别，并且 iOS 版本与安卓版本的使用差别很小，这里就以安卓平台为例，介绍乐视视频的使用方法。

最常用的 3 个功能分别是搜索、历史记录和离线视频。当需要看视频时，直接在搜索栏输入想看的视频的名字，即可出现相关的视频列表。例如，我们输入"琅琊榜"，得到下面的结果，如图 2-72 所示。

点击封面或者选择想看的集数就可以进入播放页面了。

看视频会消耗大量流量，最好在连接了 WiFi 时看视频，如

图 2-72 在线视频搜索

果想在没有 WiFi 的环境下观看，可以提前把想看的视频缓存在手机里，观看时就不需要花费手机流量了。缓存的方法很简单，在播放窗口的下方点击缓存，选择清晰度和集数，然后点击确定缓存即可。

缓存了之后，点击主界面右上角的缓存图标，可以查看管理缓存。对于缓存完成的视频，点击可以播放，对于正在缓存的视频，点击可以暂停。点击右上角的编辑，可以删除缓存释放空间。

二、听音乐

在智能手机出现之前，听音乐都是先在电脑上下载，然后导入到 MP3 或者功能手机。

智能手机出现后，越来越多的人喜欢用手机听音乐，在线音乐服务开始流行，常用播放器软件都具有了在线听歌以及音乐下载功能，甚至已经出现了付费购买音乐的服务。网易云音乐就是一款专业的社交在线音乐软件，类似的选择还有虾米音乐、QQ 音乐、酷狗音乐、酷我音乐、天天动听、百度音乐等。

这里以网易云音乐为例，介绍如何用手机听音乐，网易云音乐 App 的首页如图 2-73 所示。当要寻找一首歌时，直接在主页的搜索栏输入歌名，例如，输入"传奇"，搜索结果如图 2-74 所示。

图 2-73　网易云音乐 App 首页　　　图 2-74　在线音乐

点击歌名即可播放。

按一下播放界面的胶片，可以显示歌词，收藏歌曲可以把歌曲加入到自己喜欢的歌曲列表，储存在云端，在其他手机登录自己的账号，可以同步歌单。下载按钮可以把音乐下载到手机上。

在线听音乐时如果使用移动流量，会消耗大量流量，网易云音乐提供了不使用流量在线听歌的开关选项。在主界面点击账号—设置，进入设置界面。

建议将使用移动网络播放和下载的选项都设置为关闭状态。

三、玩游戏

在 iOS 平台上，所有应用的安装都必须通过 App Store 进行，游戏也是，因此，对于苹果手机，游戏的安装与普通 App 没有区别，例如，我们要安装纪念碑谷，只要在 App Store 搜索即可。

对于安卓手机，下载游戏的方式就比较多样化了。可以在应用商店中下载，也可以在拇指玩等游戏下载平台下载。同样以纪念碑谷为例，可以在豌豆荚中下载。另一种推荐方法是在通过豌豆荚安装拇指玩，在拇指玩中下载游戏。

大部分游戏下载都是免费的，但免费的游戏不一定真的可以免费玩，有的游戏中，会设置收费的关卡，付费才可以解锁，也有的游戏需要付费买高级的装备。建议读者合理游戏，不要沉迷其中，花费太多时间和金钱。

第十节　手机备份与提速

一、通讯录备份

手机内最重要的数据可能就是联系人信息，通讯录需要及时备份，当手机损坏、丢失或更换时，可以及时恢复通讯录。这里介绍一款可以把通讯录备份到云端的软件——QQ 同步助手（图 2-75）。QQ 同步助手的使用非常简单，点击右边的大按钮，输入 QQ 账号进行登录（图 2-76）。

登录后，软件自动开始同步如图 2-77 所示。

同步完成后，联系人信息就存储在云端了，当手机通讯录丢失后，点击大按钮，即可从云端恢复通讯录，如图 2-78 所示。

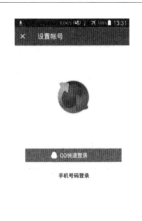

图 2-75　QQ 同步助手　　　　　　图 2-76　QQ 账号设置

图 2-77　QQ 软件自动同步传输数据　　图 2-78　云端恢复通讯录

二、手机提速

手机使用时间久了会越来越慢。尤其对于安卓手机，内存大小直接影响运行速度。因此要养成良好的手机使用习惯，及时清理内存，禁止自启动应用，删除残留垃圾，这样才能发挥手机最大性能。

程序运行完毕后，按返回或 HOME 键并不是关闭程序，只是将其切换到后台，程序其实还在运行，占用 CPU 又占用内存，不关闭，既费电又拖慢手机速度。我们一定要在使用后及时将其关闭，这样才能释放出其占有的内存。有些程序按返回键会提示是否退出，如果不提示，按菜单键，一般会找到退出选项如图 2-79 所示。

图 2-79　退出选项　　　　图 2-80　关闭程序

有些程序即使手动关闭了，还会残留一些进程继续占用我们宝贵的内存，这时就需要手动将其强行退出了。打开手机主菜单，选择"设置"→"应用"，在这里能看到当前打开的所有应用和后台服务，根据自己的需求，关闭不需要的进程如图 2-80 所示。

如果你认为手动关闭麻烦，还可以安装第三方工具实现一键清理。这类第三方工具很多，如腾讯手机管家、百度卫士等。启动相应第三方工具，就能看到"手机加速"功能，点击加速，软件会自动将不用的程序关闭，释放更多的内存（图 2-81）。

有些程序，安装后会开机自动运行，这些自动运行的程序有些是必需的，如微信，开机不运行就不能实时收到好友的消息，但有些程序完全没有必要自动运行，我们需要手动将其别除出开机自动运行名单。方法同样使用第三方安全工具的手机加速功能，里面有个设置自启动项的功能，打开后会看到所有自启动的程序，一一将其禁用，下次开机它们就不会自动运行了如图 2-82 所示。

图 2-81　第三方工具一键清理

图 2-82　自启动程序

有时手机用久了，即使你经常清理内存，也禁止了不必要的程序自运行，手机速度还是很慢，我们就需要使用终极办法——恢复出厂设置。打开手机的设置菜单，找到"重置"，即可恢复出厂设置。恢复出厂设置后，手机内所有的应用、信息、通讯录都将被清空，手机恢复到刚买来时的状态（图 2-83）。

由于恢复出厂设置会删除所有信息，恢复前一定要做好备份，一般手机都有备份和恢复功能，可以将你的个人信息等资料备份到存储卡里（要保证存储卡有足够的剩余空间用于备份），恢复出厂设置后，再使用同样功能恢复回来即可。如果你手机没有这个功能，可以安装一款叫"钛备份"的 App，实现资料备份，也可以在电脑上安装 91 手机助手等手机管理软件，使用里面的备份功能备份资料如图 2-84 所示。

图 2-83　恢复出厂设置　　　　图 2-84　备份和恢复

有些人说刷机也可以让手机恢复原来的速度，其实刷机后的手机和恢复出厂设置一样，都是将手机设置成最初始状态，但如果刷错了 ROM 包，手机速度有可能大不如前，甚至无法还原成原来的系统。刷机有风险，操作需谨慎。

第十一节　信息查询

通过各类信息查询程序，可以随时随地获取需要的生活信息。这些程序包括：我查查、全国影讯、交通违章查询、快递查询、网上厨房菜式查询、搜房、招聘信息查询以及百科信息查询程序。

一、我查查

我查查是一款用于商品比价和鉴别真伪的查询工具，可查询超市百货、图书音像、烟酒药品等任何带有条形码的商品价格。

该程序使用简单，选择扫描按钮并将摄像头对准条形码，即可识别并自动查询到商品价格等信息，例如扫描杂志《中国国家地理》条形码，可获取该商品在各商城的价格，如图 2-85所示。

图 2-85　我查查扫描条形码和自动获取商品价格

该程序支持条形码和二维码扫描，同时，支持快递单条形码查询，以跟踪快递物流情况。

类似的二维码扫描程序，还有二维码识别、快拍二维码、二维码扫描器等。

二、全国影讯

全国影讯可查询到全国各大中型城市主要影院的观影信息，包括影片场次安排、票价、简介、影评和新片等信息，非常便捷和实用，进入程序，选择城市和影院后，可查看该影院实时影片播放信息。左右滑动选择影片后，可查看其场次、票价等信息，如图 2-86 所示。

类似的程序还有时光电影、豆瓣电影、139Movie 等，均能够提供全国影院实时信息。

该影片上映信息

选择影院

切换城市

影片信息、评论

图2-86　全国影讯影片播放信息和场次等信息

三、全国交通违章查询助手

全国交通违章查询助手提供国内大多数城市交通违章查询，查询包括时间、地点、扣分和罚款处理等情况，是车友必不可少的工具。

在程序主界面，输入车辆信息即可开始查询，程序同时支持异地违章信息查询，其主界面和查询界面如图2-87所示。

图2-87　全国交通违章主界面和查询界面

四、快递查询

快递查询支持几十家物流公司的物流信息查询，同时，可查运费、网点等相关信息。

程序支持二维码扫描获取快递单号，减少了输入的麻烦。获取快递单号并选择快递公司后，即可查询到相应的物流信息，如图 2-88 所示。

图 2-88　快递查询界面和查询结果

五、前程无忧

前程无忧是一款招聘求职程序，提供全国各地的实时招聘信息，求职者可以随时随地了解招聘信息，程序中提供了职位搜索、职场资讯、简历投递等功能。而在搜索界面，可根据地域、职位等信息进行搜索，其程序功能界面和招聘信息搜索界面如图 2-89 所示。

六、百度百科

百度百科是由百度公司推出的百科知识搜索平台，可用于搜索各领域的词条信息，相当于掌上的百科全书，除此之外，程序还提供了当前社会热点词条，可用于了解当前社会的关注点，其程序主界面和词条搜索结果如图 2-90 所示。

图 2-89　前程无忧程序功能界面和招聘信息搜索界面

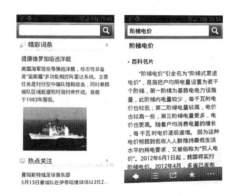

图 2-90　百度百科程序主界面和词条搜索结果

模块三　手机上网

第一节　上网设置

首先要设置手机的网络环境，如果周围有免费的无线网络，可选择使用无线网下载软件，否则需要用到移动网络。

一、设置无线网

（1）在应用程序列表中找到并点击设置图标，第一项便是"无线与网络"，将 WiFi 设置为打开，随后在 WiFi 列表中查看可用的无线网络，如图 3-1 所示，点击一个无线网络进行连接。

图 3-1　搜索无线网

（2）输入无线网络的密码并点击"连接"，不一会无线网连接成功，如图 3-2 所示。

图 3-2　连接无线网

二、使用移动网络

在图 3-1 左图中点击"无线和网络"中的"更多",点击"移动网络",如图 3-3 所示,在"启用数据网络"一项上进行勾选,就可以使用移动数据网络了。

图 3-3　使用移动网络

第二节 申请账号

（1）在 Google 电子市场上下载软件需要用到 Google 账号，现在就来申请一个吧，在应用程序列表中找到并点击电子市场图标，如图 3-4 所示，点击"新建"（如果已有账号则点击"现有"登录即可）。

图 3-4 设置用户名

（2）输入姓名、用户名等信息（如木三等），点击右下角的下一步图标，如图 3-5 所示。

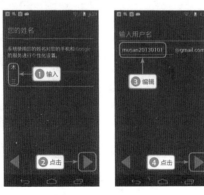

图 3-5 设置用户名

（3）输入两次密码，点击下一步图标，如图3-6所示，设置密码丢失问题和辅助邮箱，点击下一步图标。

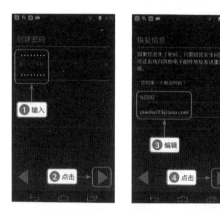

图 3-6　设置密码

（4）进行验证码验证以后，就完成了设置，如图3-7所示，点击下一步图标。

图 3-7　完成设置

手机将进行账号的建立，稍等一会就完成了账号的申请，如图 3-8 所示。

图 3-8 账号创建成功

第三节 掌上购物

以下简要介绍时下较流行的掌上购物平台，包括淘宝、京东、亚马逊、当当、一号店、凡客诚品、乐淘等。

一、淘宝

淘宝网是中国最大的综合性购物网站，包括 C2C（个人对个人）、B2C（商家对个人）两种购物模式，该网站同时也是最大的商品拍卖网站。

该平台可获取与网站同步的丰富商品信息，并能够完成与网站相同的整个购物流程。该程序中集成了天猫商城、团购服务聚划算以及各类销售店铺，另外，该平台还提供了条形码扫描购物、话费充值等便民服务，以及支付宝在线支付等功能。其功能主界面和商品销售界面如图 3-9 所示。

选择商品后，可选择使用阿里旺旺进行聊天咨询；而在线支付购买商品后，还可进行订单管理及物流查询，其中旺旺在

功能页面

左右滑动选
择功能选项

图 3-9 淘宝功能主界面和商品销售界面

线交流以及物流查询界面如图 3-10 所示。

图 3-10 淘宝旺旺在线聊天和物流查询界面

二、京东商城

京东商城是 B2C（商家对客户）购物商城，也是最大的 3C
（计算机、通信和消费电子产品）商品网购平台。当然，除了电
器电子产品外，该商城同样提供大量的各类日常商品。

该平台中提供了文字、语音和条形码搜索功能，还提供了详细的商品分类界面，其主界面和商品分类界面如图 3-11 所示。

图 3-11　京东购物主界面和商品分类界面

选择购买商品后，需完善订单信息，包括收货人地址、配送方式以及付款方式等，其订单填写和支付方式选择界面如图 3-12 所示。

图 3-12　京东订单填写和支付方式选择界面

在线支付不支持支付宝，而将跳转至 Android 网页浏览器付款界面，并选择中国建设银行、中国工商银行或广东发展银行的信用卡进行支付。

三、亚马逊

亚马逊是美国的电子商务公司，其收购了中国的卓越网，所以也称其为卓越亚马逊，该商场同样为 B2C 模式的综合网上商场，提供各类丰富的正品百货，且承诺 30 天内可退换货，以及购物达一定金额免运费等服务。

亚马逊 Android 平台较为简洁，在程序中未提供商品分类界面，主要是通过文字和条形码搜索的方式来获得商品信息。在主界面打开 Menu 菜单即可进入搜索等界面，其主界面和搜索商品列表如图 3–13 所示。

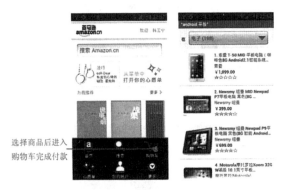

图 3–13 亚马逊主界面和搜索商品列表

登录平台并选择商品后，需进入"购物车"完善订单信息，包括收货地址、付款方式等，订单结账界面以及选择支付方式界面如图 3–14 所示。

如果选择货到付款，那么则完成了购物流程；也可以选择支付宝等第三方支付方式。

仅完成了订单
不支持手机在
线支付

图 3-14　亚马逊订单结账界面以及选择支付方式界面

四、当当网

当当商城为 B2C 模式，是中国最大的网上图书音像商城，提供了近 70 多万种图书和音像商品，并扩展至各类日常百货商品，其支持货到付款和提供购物满一定数额免运费服务，以及商品正品承诺。

当当网客户端，提供条形码搜索、商品分类、物流查询、下单等功能，其主界面和商品分类如图 3-15 所示。

图 3-15　当当程序主界面和商品分类界面

购买商品后，需完善订单信息，包括收货地址、送货方式等，支付方式可选择多样。完成订单后，可进入到"我的当当"界面中，跟踪订单物流信息。订单设置以及订单管理界面如图3-16所示。

图 3-16　当当订单设置以及订单管理界面

第四节　手机阅读平台

一、报刊杂志阅读

为了迎合手机阅读的新趋势，各大有影响力的报刊和杂志也都推出了适合 Android 系统的报刊杂志阅读平台，这些平台给喜欢阅读的人带来了极大的便利性，人们可以随时随地用 Android 手机阅读。本节推荐一些比较主流的电子报刊杂志阅读平台。

手机中阅读报刊杂志不仅带来随时随地阅读的便捷，还省去购买杂志的费用。以下简要介绍 Android 系统中各类主流的电子报刊杂志，读者可根据内容以及阅读界面选择感兴趣的电子报刊。包括环球时报、参考消息、新京报、南都报系、南方周末、电脑报、华尔街日报、每日经济新闻和证券时报。

（一）环球时报

《环球时报》由人民日报社主办，内容主要以国外及两岸三地时政新闻为主，在国内只有《环球时报》和《参考消息》具备合法刊载外电的资格。

该程序提供新闻、深度和图片新闻等版块，同时还推出英文版块。

（二）参考消息

《参考消息》是由新华社主办的日报，内容主要是刊载国内外政治、经济、军事等时事报道。

该程序界面简洁，共分为四个版块，读者可对消息进行评论和转发。

（三）新京报

《新京报》是由光明日报社主办的综合信息日报，该报纸覆盖国内外政治、财经、文体、汽车、房产、旅游等新闻报道，提供全方位的每日要闻，该程序主界面中，通过左右滑动屏幕上方的信息导航栏选择版块，阅读消息时，可选择收藏新闻或转发新闻至新浪微博。

（四）南都报系

南都报系提供综合类日报信息，内容涉及时事、财经、娱乐、体育、文化等各个方面。

南都报系程序中，集合了多家南方媒体的信息报道，包括《南方都市报》《南都周刊》《风尚周报》《云南信息报》等媒体信息。

并提供了四个内容版块，包括新闻、评论、图像以及读者互动。

（五）南方周末

《南方周末》是南方周末新媒体公司主办的报纸，提供国内外时政和中国社会发展热点关注信息。

该程序提供各类热点消息，可进行收藏和评论，以及转发至新浪或腾讯微博，程序还提供了民意调查，读者可参与投票。

（六）电脑报

《电脑报》由电脑报社主办，是全国发行量最大的 IT 媒体，以通俗、实用的内容普及计算机知识，包括计算机软硬件、网络、游戏、数码、评测等多方面内容。

该客户端除了提供每期《电脑报》内容外，还提供科技生活信息、潮流数码信息和 Android 精品应用程序下载等内容。

（七）华尔街日报

《华尔街日报》是美国乃至全世界影响力极大的金融、商业类日报，该电子报纸提供的是中文版的内容，提供财经、证券及投资类咨询信息。

该程序提供了分类菜单，可筛选查看文章、视频类或图片类信息，如选择视频信息，可直接在该程序中播放观看。

（八）每日经济新闻

《每日经济新闻》是由解放日报集团和成都日报集团共同承办的全国性财经类日报，提供每日及时的财经、股票、投资、理财等咨询，深受金融投资业界和投资者的欢迎，该程序提供较多种类的财经资讯，通过主界面的快捷图标可进入对应的信息版块。

（九）证券时报

《证券时报》是由人民日报社主办的财经证券类日报，提供各种财经新闻、财经资讯，同样是财经业界和投资者重点关注的对象。

该程序提供各类实时信息，包括全球的财经信息，通过屏幕上方的导航栏，可选择需要的阅读版块。

二、电子杂志阅读

较有影响力的实体杂志，大多推出了 Android 电子版，以下就介绍这些流行的电子杂志，包括凤凰周刊、周末画报、三联生活周刊、精品购物指南、摄影之友、环球人物、汽车之家、财经、电脑爱好者、新潮的电子、读者和青年文摘。

（一）凤凰周刊

《凤凰周刊》是由香港凤凰卫视主办，享有极高的知名度，内容包括时政、经济、文化、国际等，其以海外视角来解读大陆及两岸三地重要事件，适合关心社会问题的朋友阅读。

该电子杂志中列出了已发行的期刊，只需下载要阅读的期刊即可开始阅读，同时，程序还提供了凤凰画报和手机凤凰网在线访问的功能。

（二）周末画报

《周末画报》是现代传播集团旗下刊物，其内容分为新闻、财富、生活和城市四个版块，其关注的内容均为新信息、新理念、新智能等，是一款深受读者喜欢的精品刊物。

程序提供了四个版块信息，选择左下角分类图标即可切换版块。而在信息阅读界面，可收藏或分享信息。

（三）三联生活周刊

《三联生活周刊》是由中国出版集团旗下的三联书店主办，是以综合性新闻和文化类内容为主的周刊，并以新观念、新潮流、新时代为主要理念。

程序提供了四个信息版块，其中 Map 版块重点标识了信息发生地；而在信息查看界面，支持将信息转发至新浪微博。

（四）精品购物指南

《精品购物指南》由精品传媒集团主办，报道内容包括时尚、购物、艺术、财经、生活等。

该程序中，除提供《精品购物指南》杂志原版内容，还集合了《数字商业时代》《优品》《风尚志》和《世界》四类杂志的丰富内容。

（五）摄影之友

《摄影之友》是由广东省摄影家协会主办的专业摄影刊物，提供来自全世界的优秀摄影作品，深受摄影专业人士和发烧友的喜爱。

（六）环球人物

《环球人物》杂志由人民日报社主办，是国内唯一具有全球视野的人物类杂志，该程序提供了多个信息分类版块，同时提供了该杂志的微博互动界面，用户可直接参与评论或转发至新浪微博。

（七）汽车之家

《汽车之家》并没有实体杂志，而是由汽车之家网站推出的电子杂志，内容包括有关汽车的新闻、行情、评测、导购、售价等信息。

该程序中，提供了文章阅读、车型库和论坛的功能，其中车型库可查看各类车型参数配置和厂家报价，非常实用。

（八）财经

《财经》杂志由中国证券市场研究设计中心主办，内容涉及国内外重大金融经济、时政要闻。

该程序除提供财经要闻以及《财经》杂志内容，还提供了官方微博和投票调查，可以与读者进行互动。

（九）电脑爱好者

《电脑爱好者》是由北京电脑爱好者杂志社主办的电脑杂志，该杂志以通俗易懂的风格介绍电脑相关知识，内容涉及电脑软硬件、评测、网络、游戏、编程等多个方面，该程序提供了四大版块，每个版块又分为多个主题。

（十）读者

《读者》由读者出版集团主办发行，其内容坚持高雅、清新的风格，内容则博采中外、精华荟萃，被誉为"中国人的心灵读本"。

该程序提供近几年最新的《读者》杂志内容，选择某期杂志，即可在线阅读其内容。

（十一）青年文摘

《青年文摘》是由中国青年出版总社主办的综合性文摘刊物，以情感、生活、人生、哲理等精品文章为主。

该程序中提供了十年精选的杂志内容，选择某一期杂志即可阅读。

（十二）ZAKER 扎客

ZAKER 一款综合性信息阅读程序，该程序将微博、博客、报纸、杂志、网络新闻、图片等众多信息集合在一起，用户可根据个人喜好订阅感兴趣的内容。

在程序中，可自由添加感兴趣的阅读版块；删除版块时，只需长按版块图标并拖放至垃圾桶处即可；而阅读信息时，可参与评论或转发至微博。

（十三）VIVA 畅读

VIVA 畅读同样为综合类杂志阅读程序，可免费提供数百种畅销中文期刊内容，供用户在线阅读或下载离线阅读。

程序提供了杂志阅读排行榜，以及编辑推荐、杂志分类等功能界面，为用户提供了全面便捷的阅读体验。在阅读界面，支持将信息分享至新浪微博和开心网。

三、网络信息阅读

网络信息阅读平台中，提供了更热点、更真实，以及更贴近生活的网络信息，此处介绍搜狐新闻、网易新闻和凤凰新闻三款网络新闻阅读平台。

（一）搜狐新闻

搜狐新闻是支持个性化订阅服务的网络新闻客户端，提供由搜狐团队编辑的各类热点资讯，涉及政治、财经、体育、娱乐、生活等多个方面。

在程序中，除了搜狐早晚报新闻信息外，并提供了来自网络的热点、娱乐和趣味事件；在信息阅读界面，可参与评论，以及将信息转发至搜狐或新浪微博。

（二）网易新闻

网易新闻为综合类新闻阅读程序，该程序除提供全方位的综合信息外，还增强了互动性，用户可还可参与话题评论、回复帖子以及参与投票等。

程序界面上方的导航栏可进行版块切换；而在信息阅读界面，可进行互动，以及支持将信息转发至新浪、腾讯、网易等社交网络。

第五节　电子支付

一、网上银行

网上银行是银行提供的电子支付服务之一，方便用户通过互联网享受综合性的个人银行服务，包括转账汇款、缴费支付、个人贷款等。来看看应该怎么进行操作。

（一）网上转账汇款

使用网上银行可以很方便地进行转账汇款，以中国银行为例，首先登录个人网上银行，然后点击页面左上方的转账汇款如图 3-17 所示。

可以看到左侧有各种各样的转账汇款，如中国银行内转账汇款、跨行转账汇款、外币跨境汇款等。

（二）网银支付

在网上进行支付过程中，常常需要通过银联在线支付收银台跳转到某家银行的网银页面，按网银界面要求输入支付信息并完成支付。

图 3-17 网上银行转账汇款

二、手机银行

手机在线支付平台，除了能够完成购物支付，还能够完成转账汇款、缴纳水电煤气费等功能，有多款第三方支付程序，例如常见的支付宝、银联手机支付等。除此之外，还有一些银行客户端程序，能够实现资金查询、转账、便民充值服务等。

以下介绍支付宝、银联手机支付以及建设银行客户端程序。

无论在计算机中或在手机中进行付款交易，都存在一定的风险，所以建议在手机中安装安全防护软件，如 360 安全卫士等。

（一）银联手机支付

银联手机支付平台，可绑定多个银行的信用卡或普通银行卡，并可查询绑定卡的余额，使用绑定卡进行信用卡还贷、手机充值等多种服务，但该平台暂时不提供普通银行卡之间的转账服务。

注册登录程序后，在操作前需要进行验证，即银行卡、密码和三者之间的验证，验证后即可操作银行卡的资金，该程序主界面和身份验证界面如图 3-18 所示。

图 3-18　银联手机支付程序主界面和身份验证界面

（二）建设银行客户端

要在 Android 手机中使用银行服务，首先需要在银行开通"手机银行服务"，并绑定一个手机号码，之后，便可以使用对应的 Android 客户端程序，例如建设银行手机银行。其程序图标为 。

使用手机银行，可完成查询、转账、充值缴费等服务，其程序主界面和登录验证界面如图 3-19 所示。

图 3-19　主界面和登录验证界面

使用建设银行手机银行，需预先在建设银行中开通网上银行和手机银行服务。

类似的银行客户端程序，还有招商银行、交通银行、浦发银行、工商银行等，同样，需要开通对应的手机银行服务，才可以使用其 Android 客户端实现查询、转账等服务。

三、电话银行

电话银行，顾名思义，就是通过电话使用银行提供的各种服务。通过电话这种现代化的通信工具，使用户不必去银行，无论何时何地，只要通过拨通电话银行的电话号码，就能够通过电话银行办理多种非现金交易。

这里选择中国银行的电话银行进行一些实际的演示。

持本人有效身份证件、本人任意有效账户到所在地区中国银行网点办理电话银行签约，签约成功后即可使用中国银行 95566 电话银行。

在柜台开通电话银行时，须设置电话银行密码。一个客户只有一个电话银行签约密码，即同一客户下所有签约账户的电话银行密码唯一。

您可以通过电话银行自行修改电话银行密码，若您忘记电话银行密码，可持任意开通或关联电话银行的账户及开通电话银行时的有效身份证件，到柜台重置电话银行密码。

此外，拨打 95566 后，如果不知道某项服务应该怎么操作，选择语种及银行服务后，可以直接按 0 键转接人工服务，也可以在交易或查询的过程中，按 0 转人工服务，然后等到银行的工作人员接听您的电话，直接帮您解答疑问。

注：该菜单仅适用于中国银行，如有变动，以电话语音为主，其他银行也请根据电话提示操作。

四、微信支付

随着微信变得越来越流行，银行也开始将目光投向微信平台。借助微信开放的公众平台消息接口，国内诸多银行推出了微信银行，或者叫做微信客服号。选择使用微信银行，可以避免另外安装一个手机银行 App，可以降低手机存储空间的占用。

这里将通过中国银行在微信开通的"中国银行微银行（bocebanking）"对微信银行的操作进行演示。其他银行的微信银行操作方式类似，可以举一反三。

（一）关注微银行并绑定账户

打开手机微信客户端，在查找微信公众号一栏，输入"中国银行"进行查找，在搜索结果中选择"中国银行微银行"如图 3-20 所示。

图 3-20　中国银行微银行界面　　图 3-21　中国银行微银行公众号

进入中国银行微银行公众号详细页面后，点击"关注"进入如图 3-21 所示。

进入中国银行微银行的服务窗口后，先点击菜单栏中的"微金融"接着在弹出的选择项中点击"我的借记卡"如图 3-22 所示。

图 3-22 我的借记卡界面　　图 3-23 绑定及解绑定设定界面

此时系统会发送来一条信息，接着点击"绑定及解绑设定"如图 3-23 所示。

这时系统提醒您，您未绑定借记卡，因此需要点击"现在绑定"如图 3-24 所示。填入银行卡、取款密码、验证码以及手机校验码，点击绑定如图 3-25 所示。

图 3-24 现在绑定界面　　图 3-25 绑定界面

系统提示借记卡绑定成功如图 3-26 所示。

图 3-26　借记卡绑定成功界面

现在就可以使用微信银行提供的各种服务了。

（二）功能介绍

中国银行的微信银行提供了微金融、微服务、微生活三大主菜单。

主要关注一下"我的借记卡"这一子菜单。其他菜单的内容留待您自行探索（提示：点击微服务，功能介绍，会有关于微银行功能的精美介绍）。

点击"我的借记卡"，可以收到中国银行发来的消息提示如图 3-27 所示。

可以看到主要有"绑定及解绑设置""余额明细查询""到账通知设定"等几个功能。其中"绑定及解绑设置"已经了解过了，此处不再作介绍。

（1）余额明细查询。点击余额明细查询，将会跳转到中国银行微银行登录界面，输入您的"网银或手机银行用户名"和对应的"登录密码"进行登录即可如图 3-28 所示。

成功登录后，就可以看到这张卡的余额以及最近的交易明细如图 3-29 所示。

图 3-27 微金融、微服务、微生活

图 3-28 余额查询界面

图 3-29 交易明细界面

（2）到账通知设定。可以设定是否开启到账提醒，如果设置打开，那么每有一笔交易发生，微银行都会发来提示。

五、第三方支付

在国内，大多数情况下，谈到支付就离不开银行，无论是付款，转账，很多情况下都是需要银行的参与。但随着金融、经济和技术的发展，第三方支付发展越来越快，隐隐有占据小额支付领域的趋势。

（一）第三方支付的含义

第三方，就是指除了用户、银行以外的第三者，如果没有第三方支付，用户和银行是直接进行交易，多了第三方支付以后，它就在中间起到了一定的补充和完善作用。

第三方支付本身集成了多种支付方式，其主要流程如下。

（1）将银行账户中的钱充值到第三方支付账户。

（2）在用户支付的时候通过第三方支付账户中的存款或者绑定银行卡等进行支付。

（3）第三方支付账户中钱提现到银行账户，部分第三方支付收取手续费。

常见的第三方支付很多，如支付宝、银联、财付通、快钱支付等，但生活中更常用的是其开发出的产品，如阿里巴巴集团创办的"支付宝"，腾讯的微信事业群创办的"微信支付"，手机QQ部门创办的"QQ钱包"。后二者采用的是财付通的支付通道。

接下来主要介绍最常用的支付宝和微信支付。

（二）支付宝

支付宝是国内最大的第三方支付平台，全国已有近百家银行与支付宝达成合作协议。同时，支付宝还支持使用 Visa（维萨卡）或 MasterCard（万事达卡）完成境外支付，也就是说，可使用支付宝直接购买国外网站中的商品，在不久的将来，还将实现国外支付宝用户跨境购买中国网上商品。

在支持支付宝的 Android 购物平台购物，付款时，将自动开启支付宝程序完成支付。

登录支付宝平台中，可完成付款到其他支付宝账户、缴纳手机费、煤气费、水电费等便捷的服务，其功能主界面和话费充值界面如图 3-30 所示。

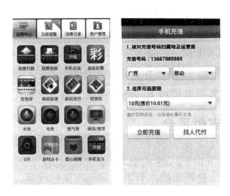

图 3-30　支付宝主界面和话费充值界面

为手机充值时，只需要输入支付宝密码，就可以完成在线充值服务。除此之外，还可方便地将资金转入和转出支付宝，充值方式和提现到指定银行的操作界面如图 3-31 所示。

图 3-31　支付宝充值和提现到银行操作界面

从支付宝提现至银行，需在支付宝官方网站绑定银行账号，最多可绑定 19 个。

（三）微信支付

本文之前已经介绍过微信软件的使用了。作为社交软件的同时，微信支付也是第三方支付手段之一。这里将对微信支付的主要功能进行介绍。

微信支付是微信提供的一种金融服务，只要有微信，经过一定的设置程序就可以使用微信支付。

1. 绑定银行卡

为了借助微信支付进行消费，需要将银行卡开通快捷支付绑定到微信支付上来。开通快捷支付这部分工作需要在银行柜台完成。

2. 发红包

绑定银行卡后，就可以发红包了。在聊天界面，点击红包。输入红包金额和留言，完成后点击塞钱进红包。

选择支付的银行卡，或者从零钱支付，输入支付密码后红包就发送成功。如果对方有领取红包，系统会提示您＊＊＊领取了你的红包。

3. 提现

当微信支付账户中的钱很多，需要转到银行卡中时，就叫做提现。以下是提现的具体流程。注意：跟支付宝不同，目前微信支付转出到银行卡需要手续费。

手机登录微信，点击我，钱包，进入到我的钱包界面。

4. 转账

微信支付账户之间转账是没有手续费的，而且非常方便，即时到账。对于一些小额的资金往来，使用微信支付进行转账是非常方便的。

第六节　手机上网安全

一、识别网络谣言

通过互联网人们各取所需，利用它不断地传递信息和获取信息，信息的内容包罗万象，繁复庞杂，但是这些信息是否就是真实的呢？

很遗憾，网上的很多信息都是虚假的，有些是发布者为了吸引眼球，有些是相关利益方为了利益发布的推广、软文、广告等，有些则是为了攻击竞争对手捏造的"事实"，甚至有些只是为了造成恐慌而发布的不实言论。

（一）什么是网络谣言

在中文语义中，"谣言"是个贬义词，它往往不是依据事实，而是凭空想象或根据主观意愿刻意编造的传言，制造这种传言的行为被称作"造谣"，传播这种传言的行为被称为"传谣"。由于谣言产生的根基往往不是以事实为依据，其真实性无从谈起。

具体到不同的情况，有的谣言一开始就是彻头彻尾的谎言；也有原本是真实的事物，但由于在众人口中相传，偏离了最初的版本，变成不真实的谣言。

实际上，生活中，朋友圈、QQ空间、微博上、论坛里，几乎所有的能够传播信息的渠道中，都有数不胜数的谣言。特别是在某些重大的突发事件发生后，由于消息来源渠道不畅，很多情景会被断章取义，歪曲成各种所谓的"独家报道""小道消息""内幕消息"。这些谣言往往造成人民群众的恐慌，或者是使某些人利益受损。

（二）常见网络谣言与应对

网络谣言，其实也是一种信息，但因为其不真实性，可以说网络谣言本质上是"信息假货"。现实生活中，消费者买到假货都会义愤填膺。同样的道理，每个网民实际上都是网络信息的消费者，对于网络谣言这种"信息假货"，理应有同仇敌忾的反应。如果明知是谣言，还去传播，那和穿着假货招摇过市一样不体面。而制造谣言的人，与制假售假的奸商，在道德判断面前，也是没有什么区别。

所以，不造谣不传谣，是做个中国好网民的基本前提，既要有素质，也要有能力。有素质是指，合格网民要有自觉抵制网络谣言的道德自觉与网络公德意识。有能力是指，在网络上合格的网民不单要有不制造谣言的自我约束能力，还要具备基本的鉴别网络谣言的能力。在未能验证与核实的可疑信息面前，至少克制住传播的欲望。不哗众取宠，也体现出中国好网民的素质。

1. 奇谈怪论

谣言案例：朋友圈中诸如"微波炉加热食品会致癌""吃麻辣烫感染 H799 病毒"等打着科学之名的谣言在互联网时代呈指数级传播。

甄别办法：①文章末尾是否列出参考文献，来源是否为专业期刊；②作者是否有相关领域的教育、从业背景；③若文中出现和实际生活经验相差甚多的说法，可到专业网站查询。

2. 夸大事故后果

谣言案例：天津港"8·12"爆炸事件中，5 天内曾出现 27 个不同版本的谣言。如"方圆两公里内人员全部撤离""天津港爆炸死亡上千人"等。

甄别办法：灾难当前，我国政府始终高度关注和保护公民的生命财产安全，应相信政府的力量，勿传谣，勿偏信，拒绝个人恶意散布谣言给社会带来二次伤害。

3. 借名人之口进行宣传

谣言案例：2015 年 11 月，"顶尖企业家思维"微信公众号冒用万达集团董事长王健林名义发布题为《王健林：淘宝不死，中国不富，活了电商，死了实体，日本孙正义坐收渔翁之利》

的文章，在微信朋友圈推广传播。万达集团提起诉讼，索赔1 000 万。

甄别办法：鸡汤文章大都"只讲感情，不讲逻辑，思想偏激"，甚至企图用一句话总结人生哲理，一个故事概括整个人生。要有自己清醒的判断，保持独立的思维。

4. 嫁接图片，随意解读警务工作

谣言案例：2015 年 1 月，有报道称"沈阳皇姑区辉山路附近的一座破房子里发现数具死尸，有 30 多辆警车停在现场"。公安部刑事侦查局官方微博随后发布消息，警车是因执行其他任务在此待命，经核实此消息为谣言。

甄别办法：对于配有图片的消息，也应保持警惕和批判。①通过网络搜索，是否为盗用他人图片；②警车≠伤亡，切忌主观臆断、凭空想象。

5. 旧贴重播

谣言案例：经常有网民发帖称"某中学生在网吧上网后遭人割肾""火车站被下迷药""军用望远镜中射出银针"等，这其实是发帖者恶意编造赚取关注的惯用伎俩。

甄别办法：①查询此类事件是否有多个版本；②是否有正规媒体报道与警方通报；③文中是否有明显逻辑漏洞。

6. 断章取义，炒作新奇社会资讯

谣言案例：2015 年 1 月，湖南长沙常先生称，上幼儿园的小外甥前两天和同学打架，咬伤对方，对方的奶奶竟然剪掉了小外甥的四颗门牙。真相是，该男童患有慢性尖周炎，牙齿出血及断裂均是蛀牙造成的。

甄别办法：①针对同一事件是否有多方相关人员证实；②综合多家媒体对事件的报道，多角度全方位获取信息；③避免妄下定论，提升自己辨别信息的能力。

以上介绍了一些常见的谣言，网络上的谣言屡见不鲜，主动浏览一些关于谣言破解的资讯和网站很有好处。这里推荐几个渠道。

（1）果壳网谣言粉碎机（http：//www.guokr.com/scientific/channel/fact/）。

（2）流言百科（http：//www.liuyanbaike.com/）。

（3）微博辟谣（http：//weibo.com/weibopiyao）。

（4）微博江宁公安在线（http：//weibo.com/njjnga）。

（5）微信公众号谣言过滤器（wx-yyglq）。

（6）微信公众号科普中国（Science_ China）。

（三）刑法依据

根据最新的刑法，编造虚假消息，传播谣言，诽谤他人已经是非常严重的犯罪行为。这里有相关的法条（节选）。

最高人民法院最高人民检察院

关于办理利用信息网络实施诽谤等刑事案件适用法律若干问题的解释

……

第一条　具有下列情形之一的，应当认定为刑法第二百四十六条第一款规定的"捏造事实诽谤他人"：

（一）捏造损害他人名誉的事实，在信息网络上散布，或者组织、指使人员在信息网络上散布的；

（二）将信息网络上涉及他人的原始信息内容篡改为损害他人名誉的事实，在信息网络上散布，或者组织、指使人员在信息网络上散布的；

明知是捏造的损害他人名誉的事实，在信息网络上散布，情节恶劣的，以"捏造事实诽谤他人"论。

第二条　利用信息网络诽谤他人，具有下列情形之一的，应当认定为刑法第二百四十六条第一款规定的"情节严重"：

（一）同一诽谤信息实际被点击、浏览次数达到五千次以上，或者被转发次数达到五百次以上的；

（二）造成被害人或者其近亲属精神失常、自残、自杀等严重后果的；

（三）二年内曾因诽谤受过行政处罚，又诽谤他人的；

（四）其他情节严重的情形。

第三条 利用信息网络诽谤他人，具有下列情形之一的，应当认定为刑法第二百四十六条第二款规定的"严重危害社会秩序和国家利益"：

（一）引发群体性事件的；

（二）引发公共秩序混乱的；

（三）引发民族、宗教冲突的；

（四）诽谤多人，造成恶劣社会影响的；

（五）损害国家形象，严重危害国家利益的；

（六）造成恶劣国际影响的；

（七）其他严重危害社会秩序和国家利益的情形。

第四条 一年内多次实施利用信息网络诽谤他人行为未经处理，诽谤信息实际被点击、浏览、转发次数累计计算构成犯罪的，应当依法定罪处罚。

第五条 利用信息网络辱骂、恐吓他人，情节恶劣，破坏社会秩序的，依照刑法第二百九十三条第一款第（二）项的规定，以寻衅滋事罪定罪处罚。

编造虚假信息，或者明知是编造的虚假信息，在信息网络上散布，或者组织、指使人员在信息网络上散布，起哄闹事，造成公共秩序严重混乱的，依照刑法第二百九十三条第一款第（四）项的规定，以寻衅滋事罪定罪处罚。

中华人民共和国刑法修正案（三）

八、刑法第二百九十一条后增加一条，作为第二百九十一条之一："投放虚假的爆炸性、毒害性、放射性、传染病病原体等物质，或者编造爆炸威胁、生化威胁、放射威胁等恐怖信息，或者明知是编造的恐怖信息而故意传播，严重扰乱社会秩序的，处五年以下有期徒刑、拘役或者管制；造成严重后果的，处五年以上有期徒刑。"

中华人民共和国刑法修正案（九）

三十二、在刑法第二百九十一条之一中增加一款作为第二款："编造虚假的险情、疫情、灾情、警情，在信息网络或者其他媒体上传播，或者明知是上述虚假信息，故意在信息网络或者其他媒体上传播，严重扰乱社会秩序的，处三年以下有期徒刑、拘役或者管制；造成严重后果的，处三年以上七年以下有期徒刑。"

二、手机信息安全

互联网给生活带来了巨大的便利，但是同时，各种网络侵权事件也层出不穷。网络时代，隐私被侵犯，资产受到侵害，这些问题已经是难以避免的毒瘤。本节就来讲述这些问题。

（一）骚扰电话，垃圾短信

很多人可能没有隐私的概念，原始社会时期，社会的概念并不清晰，整个族群同吃同住，互相之间没有太多秘密可言，任何信息都是暴露在众目睽睽之下的。但是随着人类社会的进步，发展至今，人类社会已经非常在意隐私权这个概念了。

狭义地讲，隐私就是隐秘的个人信息。如住址、身份信息、电话号码、指纹、血型、上网时的浏览历史记录，在银行的存款信息，在淘宝购物时的购物信息。凡此种种，只要是与个人的生活息息相关，都可以主张为个人隐私，国家法律保障个人隐私不受侵犯。

但是实际生活中怎么样呢？个人隐私被严重的滥用了。最常见的就是两点，骚扰电话和垃圾短信。

1. 骚扰电话

骚扰电话是指未经电话持有者同意或请求，或者电话持有者明确表示拒绝，以拨打等方式向其发送商业性电子信息或其他违法犯罪信息的行为。带有推销、广告、涉嫌违法、涉嫌诈骗的陌生电话都可定义为骚扰电话。

常见的骚扰电话可以分为以下几类：响一声、广告推销类、房产中介类、涉嫌违法类、涉嫌诈骗类。

可以看到,骚扰电话覆盖了生活的方方面面,严重影响了平时的正常生活。

2. 垃圾短信

垃圾短信是指未经用户同意向用户发送的用户不愿意收到的短信息,或用户不能根据自己的意愿拒绝接收的短信息。

常见的垃圾短信有以下几类。

(1)骚扰型。多为一些无聊的恶作剧,发送号码多为手机或小灵通号码。

(2)欺诈型。此类短信多是想骗取用户的钱财,如中奖信息,发送号码多为手机或小灵通号码。

(3)非法广告短信。如出售黑车、麻醉枪之类,发送号码多为手机或小灵通号码。

(4)SP 短信。短信业务提供商违规群发,误导用户订制短信业务,发送号码多为 SP 接入代码,一般为四位数字。发送号码不分网内网外,既有通过移动号码对联通用户发送的,也有外地联通号码对本区用户发送的。

(5)诅咒型短信。此类短信多以让更多用户转发为目的而加以诅咒内容以威胁短信接收者按照其意愿来做出不自愿行为。

垃圾短信泛滥,已经严重影响到人们正常生活乃至社会稳定。

3. 防治措施

(1)防。防范骚扰电话、垃圾短信的主要措施如下。

①克服"贪利"思想,不要轻信,谨防上当。

②不要轻易将自己或家人的身份、通讯信息等家庭、个人资料泄露给他人。

③接到培训通知、领导名义的电话、中介类等信息时,要多做调查。

④不要轻信涉及加害、举报、反洗钱等内容的陌生短信或

电话。

⑤对于广告"推销"特殊器材、违禁品的短信和电话，应不予理睬并及时清除，不要汇款购买。

（2）治。对于骚扰电话和垃圾短信，建议使用一些软件进行拦截。以下分平台对拦截功能做一介绍。

①Android 手机。Android 手机厂商众多，大多数手机在出厂时就已经预装了拦截功能，对标记的黑名单号码拦截其来电和短信。如果对系统自带的拦截功能不够满意，还可以使用第三方软件，常见的有搜狗号码通、来电通、触宝电话、360 手机卫士、腾讯手机管家、百度手机卫士等。

在应用市场搜索以上软件的名称，下载安装后，默认配置下，软件就可以正常工作，拦截骚扰电话和垃圾短信了。

②iPhone 手机。iPhone 手机可对通话记录和短信发送号码进行阻止。具体来说，用户点开通话记录中的骚扰号码详细信息，或短信页面右上角的"联系人"进入详细信息页面，最下方有一项"阻止此来电号码"，选择后即可屏蔽该号码的所有来电和短信。

由于 iPhone 自带的骚扰拦截功能很弱，因此一般建议使用第三方软件。在 iOS 系统下，有搜狗号码通、360 手机卫士、触宝电话等可以进行骚扰电话和垃圾短信的拦截。

（二）电信诈骗

1. 电信诈骗简介

电信诈骗是指犯罪分子通过电话、网络和短信方式，编造虚假信息，设置骗局，对受害人实施远程、非接触式诈骗，诱使受害人给犯罪分子打款或转账的犯罪行为。

2. 电信诈骗的常用手段与特点

电信诈骗的主要手段包括电话、短信、QQ、微信、邮件、钓鱼网站、搜索引擎等，其中最主要的是电话诈骗，根据《腾讯 2015 年度互联网安全报告》，近 70%的电信诈骗通过电话来实施。

电信诈骗常常有以下几个特点。

（1）犯罪活动的蔓延性大，发展迅速。犯罪分子往往利用人们趋利避害的心理通过编造虚假电话、短信地毯式地给群众发布虚假信息，在极短的时间内发布范围很广，侵害面很大，所以造成损失的面也很广。

（2）信息诈骗手段翻新速度快。从诈骗借口来讲，从最原始的中奖诈骗、消费信息发展到绑架、勒索、电话欠费、汽车退税等。犯罪分子总是能想出五花八门的各式各样的骗术。有的直接汇款诈骗，有的冒充电信人员、公安人员说你涉及贩毒、洗钱，公安机关要追究你等各种借口。骗术在不断花样翻新，翻新的频率很高，有的时候甚至一、两个月就产生新的骗术，令人防不胜防。

（3）团伙作案，反侦查能力非常强。犯罪团伙一般采取远程的、非接触式的诈骗，犯罪团伙内部组织很严密，他们采取企业化的运作，分工很细，有专人负责购买手机，有的专门负责开银行账户，有的负责拨打电话，有的负责转账。分工很细，下一道工序不知道上一道工序的情况。这也给公安机关的打击带来很大的困难。

（4）跨国跨境犯罪比较突出。有的不法分子在境内发布虚假信息骗境外的人，也有的常在境外发布短信到国内骗中国老百姓。还有境内外勾结连锁作案，隐蔽性很强，打击难度也很大。

3. 常见电信诈骗案例与应对

本文在这里介绍一些常见的电信诈骗骗术，并提供一些应对策略以防范电信诈骗。

（1）盗取 QQ、微信，冒充亲友借钱。

诈骗案例：骗子盗取 QQ 或微信冒充亲友，通过盗取的 QQ 或微信给事主发送信息，骗事主向其账户汇款。

应对策略：可以试探性地问一些彼此都很熟悉的事情，例如，对方家庭、个人经历等，如果还是不能确定真假，可以通过电话核实，这也是最直接的方法。

（2）伪基站诈骗。

诈骗案例：用伪基站冒充公检法、税务、社保、医保等号码，给事主电话或短信，告知事主您有一张法院传票或您的包裹内被查出毒品等，要求事主将钱款换到骗子提供的所谓"安全账户"。

应对策略：保持冷静，及时与家人、亲友商量。公安局、检察院、法院等国家机关工作人员履行公务时，应持法律手续当面询问并作笔录，不会通过电话或短信联系。

（3）冒充亲属、同学、朋友求救。

诈骗案例："我在外地发生车祸需手术费""子女在外遭绑架需交钱赎人"，骗子通过冒充亲属、同学或朋友向事主发送求救信息，骗取事主信任以后诱使事主给其银行转账骗取钱财。

应对策略：可通过公安、医院等部门了解真实性。即使一时无法确认，也不要贸然汇款。

（4）冒充航空公司工作人员。

诈骗案例：犯罪分子冒充航空公司工作人员，告知事主预定的航班因故障取消，以赔偿延误金为理由，让事主在 ATM 机按指示完成银行卡转账。

应对策略：一定要通过航空公司官方电话或者官方网站了解航班最新情况，而不是拨打短信里的电话。

（5）冒充收款方。

诈骗案例：犯罪分子冒充房东等收款方欺骗事主汇款，事主刚好在那个时点等账号汇款，一不小心，就会把短信内容误以为真。

应对策略：一定要仔细辨认，给真正的收款人打电话确认。

（6）网络购物退款诈骗。

诈骗案例：冒充网购平台客服，通知事主拍下的货品缺货，需要退款，要求事主提供银行卡号及动态密码等消息。

应对策略：退款根本不需要银行卡号，一般直接退到账号，更别说告知动态密码了。应保护好信用卡密码、有效期，及背面 3 位数字，若泄露，很可能被盗刷。

（7）中奖诈骗。

诈骗案例："恭喜您获得××公司十周年庆典抽奖活动一等奖。"不法分子以短信、网络、刮刮卡、电话等方式发送中奖信息，请对方领取大奖，不过预先缴纳手续费、快递费、公证费等各种费用。一旦市民将这些费用汇人指定的银行卡，对方就从此杳无音讯。

应对策略：如果根本没有参加过这类节目的报名就说明肯定是骗局，而且真的中奖并不需要先缴纳费用。只要对方要你提供银行卡信息，就应该多长个心眼。

（8）钓鱼网站、二维码诈骗。

诈骗案例：以降价、奖励为诱饵，要求网友打开假冒网站，或者带病毒的二维码加入会员，从而盗取网民的网银账号，骗取钱财。

应对策略：付款前确认正规的购物网站和支付平台，不可靠地方的二维码不要随便扫，扫码前再三确认。

（9）冒充领导。

诈骗案例："小×，你明天到我办公室来一下。"等事主心里惶恐的时候再打电话要求借钱或者转账。

应对策略：接到自称是"单位领导"的来电，切勿轻信。涉及巨额款项一定要主动打电话确认。

第七节　智能手机安全工具

一、360 手机安全卫士（图 3-32）

360 手机安全卫士可以在 Symbian、Android、iOS、WP8 操作系统上运行，是全球第一款提供人性化手机体检功能的安全软件。它的手机体检报告可以让用户清晰了解手机的健康状况，并引导用户通过磁盘整理、开机自启程序管理、软件管理、垃圾清理等一系列优化工具，达到提升手机运行速度、节约电耗的功效。更有独一无二的手机急救包，及时解决手机出现的耗电猛增，自动狂发短信等紧急状况，全面保障手机安全。

图 3-32 360 手机安全卫士

功能介绍：

杀毒。快速扫描手机中已安装的软件，发现病毒木马和恶意软件，一键操作，彻底查杀。联网云查杀确认可疑软件，获得最佳保护。

体检。随时为你检查健康状况，一键快速清理。

备份。备份通讯录、短信、隐私记录。手机卫士设置到 360 云安全中心，随时恢复，方便转移数据到其他手机，手机被盗也不怕，从此拥有一个无限量的云存储空间。

防盗。更换 SIM 卡，自动下发短信通知至指定手机号码。

流量。统计 GPRS、3G 和 WiFi 各种流量数据，清晰展现，累积显示当月使用量。让你完全掌控流量使用情况，防止超额使用之后产生高昂的费用。

拦截。将垃圾短信和骚扰电话添加到黑名单，帮助你拦截各类骚扰；垃圾信息和骚扰通话记录提供图标提醒，避免打扰你；灵活的设置拦截规则，可以自己量身定制防骚扰方案。

软件管理。卫士推荐，推荐安全的软件产品。软件升级，为已安装软件提供检测更新，一键升级。软件卸载，对已安装软件进行卸载。安装包管理，扫描、管理手机中的安装包，并提供一键安装功能。软件搬家，根据手机权限，将软件移动到

SD 卡，节省手机内存。

二、手机安全卫士腾讯管家（图 3-33）

（安卓）　　（苹果）

图 3-33　腾讯手机管家

　　手机安全卫士腾讯管家可以在 Android，IOS 操作系统上运行。腾讯手机管家是一款完全免费的手机安全与管理软件，以成为"手机安全管理软件先锋"为使命，在提供病毒查杀、骚扰拦截、软件权限管理、手机防盗等安全防护的基础上，主动满足用户流量监控、空间清理、体检加速、软件管理等高端化智能化的手机管理需求，更有"管家安全登录 QQ""秘拍""小火箭释放内存"等特色功能，让你的手机安全无忧。腾讯手机管家不仅是安全专家，更是你的贴心管家。

模块四　互联网+农业的典范，新型职业农民的网络服务平台——支农宝

支农宝最符合国家顶层设计的互联网+农业 APP（图 4-1）。

图 4-1　支农宝

第一节　支农宝 APP 介绍

商丘市众汇通网络科技有限公司

ShangQiuShiZhongHuiTong Network Technology Co，Ltd

一、"互联网+现代农业"的典范——支农宝

支农宝是商丘市众汇通网络科技有限公司自主研发的一款建立在手机客户端上的应用软件，它填补了我国乃至世界农业互联网领域的软件空白。该平台有农村版和城市版两个版本。农村版：共有九大板块。围绕农业生产全过程，提供了包括产前（学政策、找项目、办贷款、买保险、农资及农机具采购）、产中（专家在线、技术微课堂）、产后（销售信息发布）在内的全方位专业服务，有效解决了困扰农业、农村、农民多年的技术棚架和全产业链综合信息不对称的问题。它是农业部门、金融保险机构、新型农民与企业之间沟通的有效载体；是新型

农民学习农业知识、购买农资产品、销售农副产品、办贷款买保险的最佳途径；是企业销售产品、提升品牌知名度的必备利器，是工业品下乡的高效通道。城市版：共有七大板块。主要解决了农产品进城、农产品安全追溯、居民休闲娱乐及综合市场贸易问题，可满足都市人群对于绿色农副产品、农家乐等诸多生产、经营和消费的需求。

服务对象：新型职业农民、农资百货厂商、政府主管部门、金融保险机构、城乡居民消费者。

二、农村版（图4-2）

图4-2　支农宝农村版页面

1. 学政策找项目　2. 办贷款买保险　3. 专家在线

4. 我要买（需求信息发布）　5. 我要卖（销售信息发布）

6. 逛商城（厂商商品销售）　7. 赶大集（个人商品销售）

8. 智能免费通话系统　9. 消息通知

三、城市版（图4-3）

图4-3 支农宝城市版页面

1. 农场直供　2. 逛商场　3. 跳蚤市场　4. 免费电话

5. 活动专区　6. 追溯系统　7. 农家乐

第二节　支农宝操作流程

一、支农宝下载

1. 应用市场下载

目前支农宝软件支持在腾讯应用宝、360应用平台、百度应用平台、华为应用市场、小米应用市场、联想乐商店等平台下载。

2. 扫描二维码下载（图 4-4、图 4-5、图 4-6、图 4-7、图
4-8、图 4-9、图 4-10）

图 4-4 支农宝扫描二维码界面

图 4-5 点击右上方界面

图 4-6 选择在浏览器打开界面

图 4-7 在浏览器中直接点击
安装界面

图 4-8　点击下载到本地界面

图 4-9　点击安装界面

图 4-10　下载完成，打开界面

二、支农宝注册登录（图4-11、图4-12）

图4-11　支农宝注册界面　　图4-12　支农宝登录界面

三、支农宝各模块使用方法（图4-13）

图4-13　支农宝软件首页界面

1. 模块1：学政策·找项目（图4-14）

点击进入3个子菜单：惠农政策、农业先锋、科研成果，一键解读，帮助您快速精准找到适合本地本人和市场导向的好项目，同时了解本项目能否获得政策扶持，怎样获得政策扶持等。

图4-14　支农宝的学政策·找项目界面

2. 模块2：我要买（图4-15、图4-16）

图4-15　我要买模块中发布 图4-16　我要买模块中求购
需求界面 列表界面

点击，填写需求发布信息，提交，后台审核。

　　支农宝的使用者就可以在求购列表中查看到此需求信息及联系方式，板块还提供了分类搜索功能。

　　3. 模块3：我要卖

　　点击：2个子菜单：产品发布、供求状态。

　　按格式填写、自由发布产品、提交，后台审核通过，也可以再修改供货信息，查看供求状态；供货状态是由后台反馈显示的。

　　真正解决了因信息不对称而造成的产品滞销问题（图4-17、图4-18、图4-19、图4-20）。

**图4-17　我要卖模块中
产品发布界面**

**图4-18　产品发布中的
邮费管理界面**

**图4-19　供求状态界面
（可以查询产品状态）**

图4-20　产品待审核状态

4. 模块4：赶大集（图4-21、图4-22、图4-23）

点击菜单集市，商品列表都是支农宝使用者通过《我要卖》发布的产品，是个典型的线上自由贸易市场，永不落幕的线上展会。此板块还提供了关键词搜索功能。此板块针对的是个人。

图4-21　赶大集模块界面

图4-22　产品详情界面

图4-23　在线与商家聊天界面

5. 模块5：逛商城（图4-24）

点击：六大分类，种子、肥料、农药、农副产品、农机具、生活百货。

商品琳琅满目、丰富多彩，一键采购，当然此板块更少不了商品关键词搜索功能。此板块针对的是商家。

图 4-24　逛商城界面

图 4-25　支农宝消息模块所在界面

6. 模块6：消息（图4-25、图4-26、图4-27）

点击2个子菜单：系统消息——支农宝系统消息及公司动态消息。

我的消息——为各市县新型职业农民培训机构（农广校）设置的分后台自行发布的消息。

图4-26　消息详情界面，
可点击更多查看

图4-27　系统消息及我的
消息界面

7. 模块7：办贷款·买保险（图4-28）

图4-28　办贷款、买保险模块界面

点击2个子菜单：贷款、保险，按提示标准格式填写贷款、保单申请，扫描有效证件，一键提交，快速精准解决找资金、办理保险业务；支农宝给每个区域（以县区为单位）所对接的本地金融和保险机构都开通有专用端口，金融保险机构可通过端口第一时间找到精准客户。

8. 模块8：个人中心（图4-29）

可以修改自己的个人信息，当然购物和系统传来的信息也可以在这里查询到。

图4-29　个人中心模块界面

9. 模块9：专家咨询（图4-30、图4-31）

点击4个子菜单：种植业、养殖业、农贸服务业、农副产品加工业。

精准快速找到行业专家一对一在线技术咨询、留言，微课堂观看农业视频，技术知识，轻松解决多年困惑农业部门的技术棚架问题。

图 4-30　专家咨询模块中　　　　图 4-31　专家咨询

专家分类界面　　　　　　　　模块界面

10. 模块 10：众汇通（图 4-32）

支农宝搭载自主研发的智能通话软件众汇通，实现不换手机不换号，不限时，无漫游，长途市话随意打，为用户搭建了一个与专家、厂商几近零成本的语音交流平台。

图 4-32　众汇通电话拨打界面　　图 4-33　更多模块界面

11. 更多模块（图4-33）

此板块是关于我们开发中的新功能以及版本更新信息，目前正在开发的新功能有朔源、社交等。

第三节　联系我们

以上支农宝各板块使用方法，因版本更新会有所变动，请密切关注支农宝动态，以免造成不便（图4-34、图4-35）。

如有问题，请致电支农宝全国热线：400-680-3356

图4-34　支农宝下载二维码　　　图4-35　支农宝公众号二维码

主要参考文献

狄华明，杜忠燕，杨东方. 2016. 手机淘宝这样玩才赚钱 [M]. 北京：电子工业出版社.

夏光富，魏钢，等. 2015. 手机文化 [M]. 北京：新华出版社.